内 容 提 要

本书通过真菌如何塑造地球的故事，讲述了微生物和更大的生命形式之间的共生关系，让孩子轻松了解真菌的知识，认识微生物、地球、自然、人类之间的大问题，生命通过竞争得以进化，只是故事的一部分，生命其实更多靠的是合作。

图书在版编目（CIP）数据

我的微生物朋友. 真菌地球 / (澳) 艾尔莎·怀尔德著 ; (澳) 阿维娃·里德绘 ; 刘纪丹译. -- 北京 : 中国水利水电出版社, 2020.6（2021.10重印）
ISBN 978-7-5170-8638-3

Ⅰ. ①我… Ⅱ. ①艾… ②阿… ③刘… Ⅲ. ①真菌一儿童读物 Ⅳ. ①Q939-49

中国版本图书馆CIP数据核字(2020)第106675号

书　名	我的微生物朋友　真菌地球 WO DE WEISHENGWU PENGYOU　ZHENJUN DIQIU
作　者	[澳]艾尔莎·怀尔德 著　[澳]阿维娃·里德 绘　刘纪丹 译 [澳]布里奥妮·巴尔　[澳]格里高利·克罗塞蒂 联合策划
出版发行	中国水利水电出版社 （北京市海淀区玉渊潭南路1号D座　100038） 网址：www.waterpub.com.cn E-mail：sales@waterpub.com.cn 电话：（010）68367658（营销中心）
经　售	北京科水图书销售中心（零售） 电话：（010）88383994、63202643、68545874 全国各地新华书店和相关出版物销售网点
排　版	北京水利万物传媒有限公司
印　刷	郎翔印刷（天津）有限公司
规　格	250mm×220mm　12开本　4.5印张　27千字
版　次	2020年6月第1版　2021年10月第2次印刷
定　价	49.80元

我的微生物朋友

真菌地球

[澳]艾尔莎·怀尔德 著　[澳]阿维娃·里德 绘　刘纪丹 译

[澳]布里奥妮·巴尔　[澳]格里高利·克罗塞蒂 联合策划

中国水利水电出版社
www.waterpub.com.cn
·北京·

共生现象

两种不同的生物共同生活在一起，密切关联，互相依赖。倘若彼此分开，双方或其中一方就无法生存。

在过去的40多亿年里，微生物将地球塑造成了我们现在所熟悉和热爱的家园。这个生物圈里，有多种多样的生物，也有多种多样的地质条件，丰富极了。

通过一系列的共生体，微生物与地球上所有类型的生命合作，当然也有人类。大家一起创造了一个崭新的自然世界。虽然有的共生关系会造成一定的伤害，但大多数是有益的。

生命通过竞争得以进化，只是故事的一部分。其实啊，生命更多的是靠合作。

这本书的创作得到了澳大利亚微生物学会的支持

谨以此书献给全世界伟大的勤劳的农民

这是关于土壤中微小的真菌和细菌的故事，

一茶匙的健康土壤中含有数十亿个细菌和数百米长的真菌菌丝。

第一部分
地下的孢子

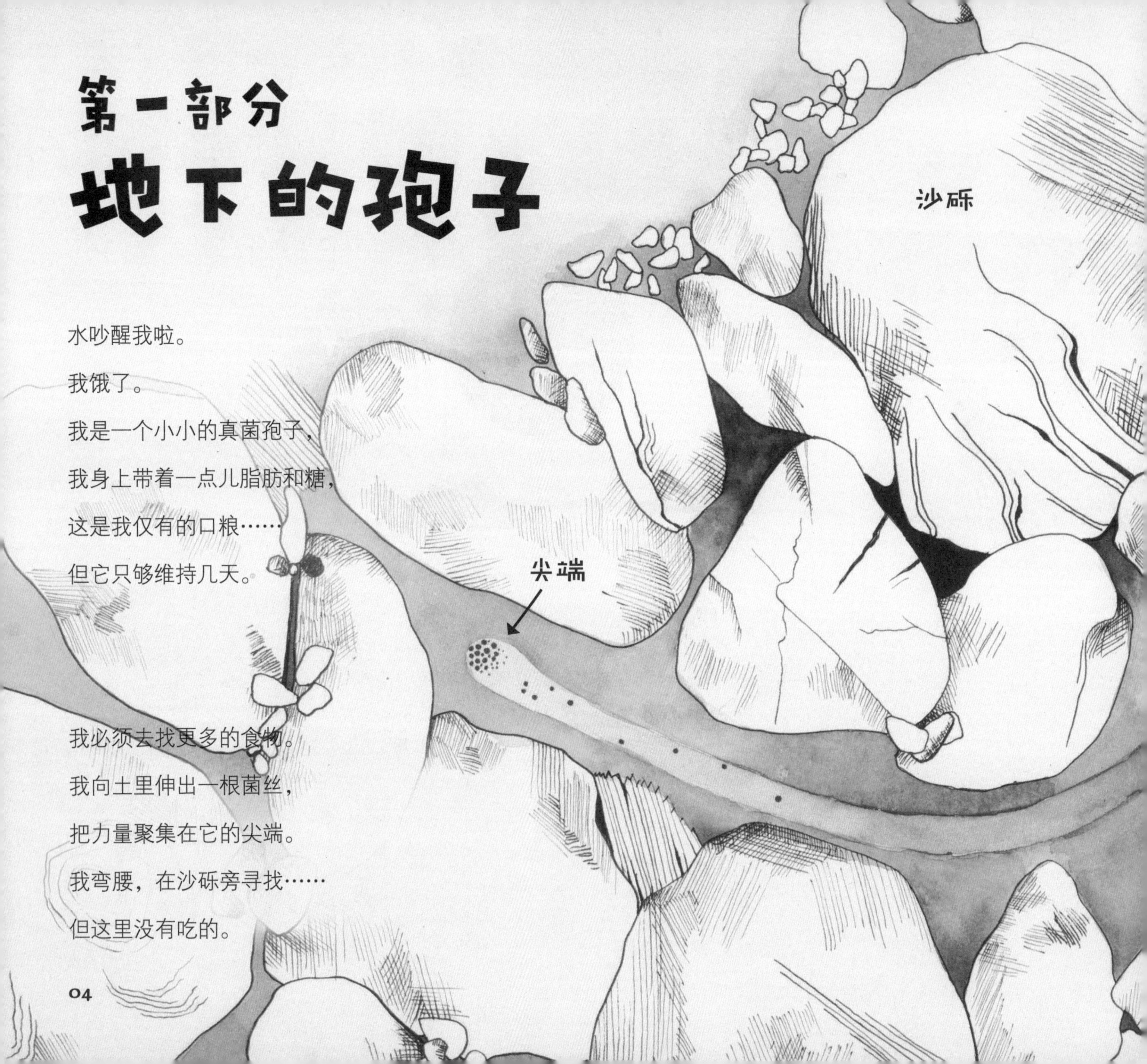

水吵醒我啦。

我饿了。

我是一个小小的真菌孢子，

我身上带着一点儿脂肪和糖，

这是我仅有的口粮……

但它只够维持几天。

我必须去找更多的食物。

我向土里伸出一根菌丝，

把力量聚集在它的尖端。

我弯腰，在沙砾旁寻找……

但这里没有吃的。

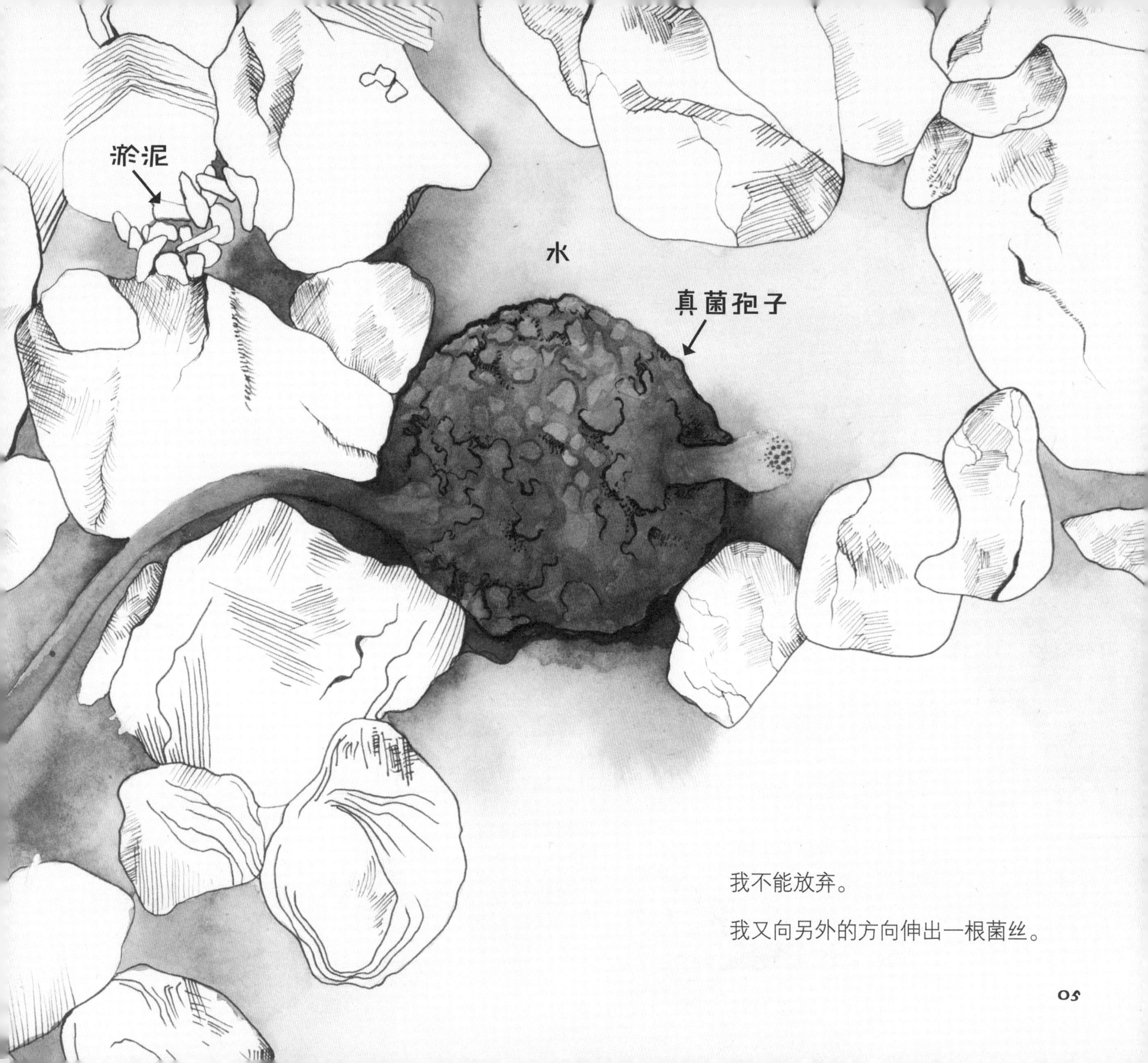

我不能放弃。

我又向另外的方向伸出一根菌丝。

土壤中，裂开的磷晶体上，铁力士细菌正在忙碌着。他们又小又壮，正利用水滴从土壤中释放磷。

“你好！”我向他们打招呼。

“嗨！”他们简短地回答。

“你能帮帮我吗？你有没有见过植物的根？”我问。

“没有呢，”他们说，“这里没有植物的根。”

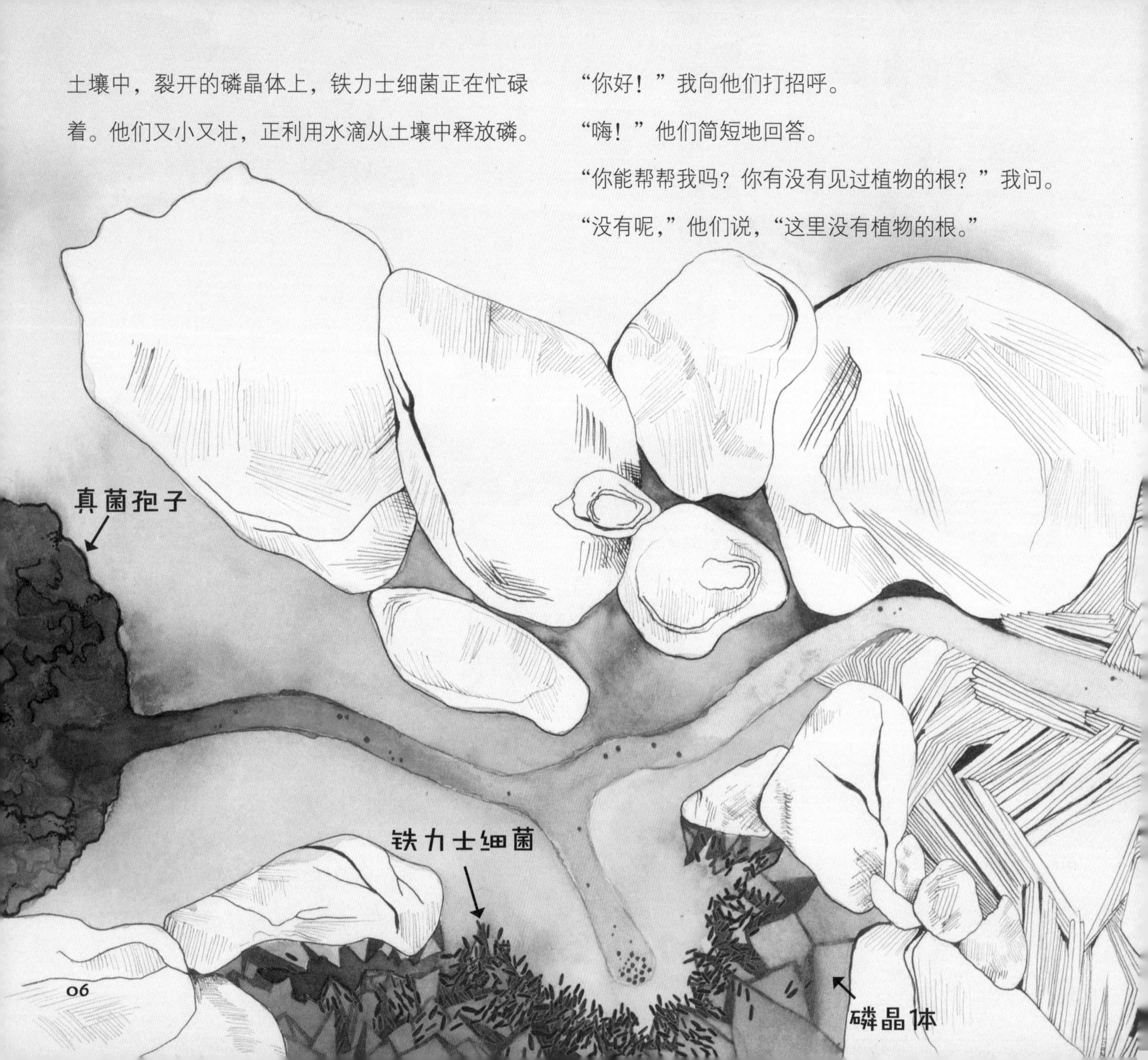

我又试了一种新方法。我向土壤深处挖去。

我打碎泥土。

我的食物马上就要吃完了，

如果不尽快找到一株植物，

我会饿死的。

然后，有什么东西……

一个分子……？

一个信号分子！

这是真的吗？

当然，这是另一个信号分子！

一株植物在附近……一棵年轻的树！

仅仅是收到信号，我就变得更加坚强啦。

我开始分枝，

长出一根又一根的线，

并伸向树根……

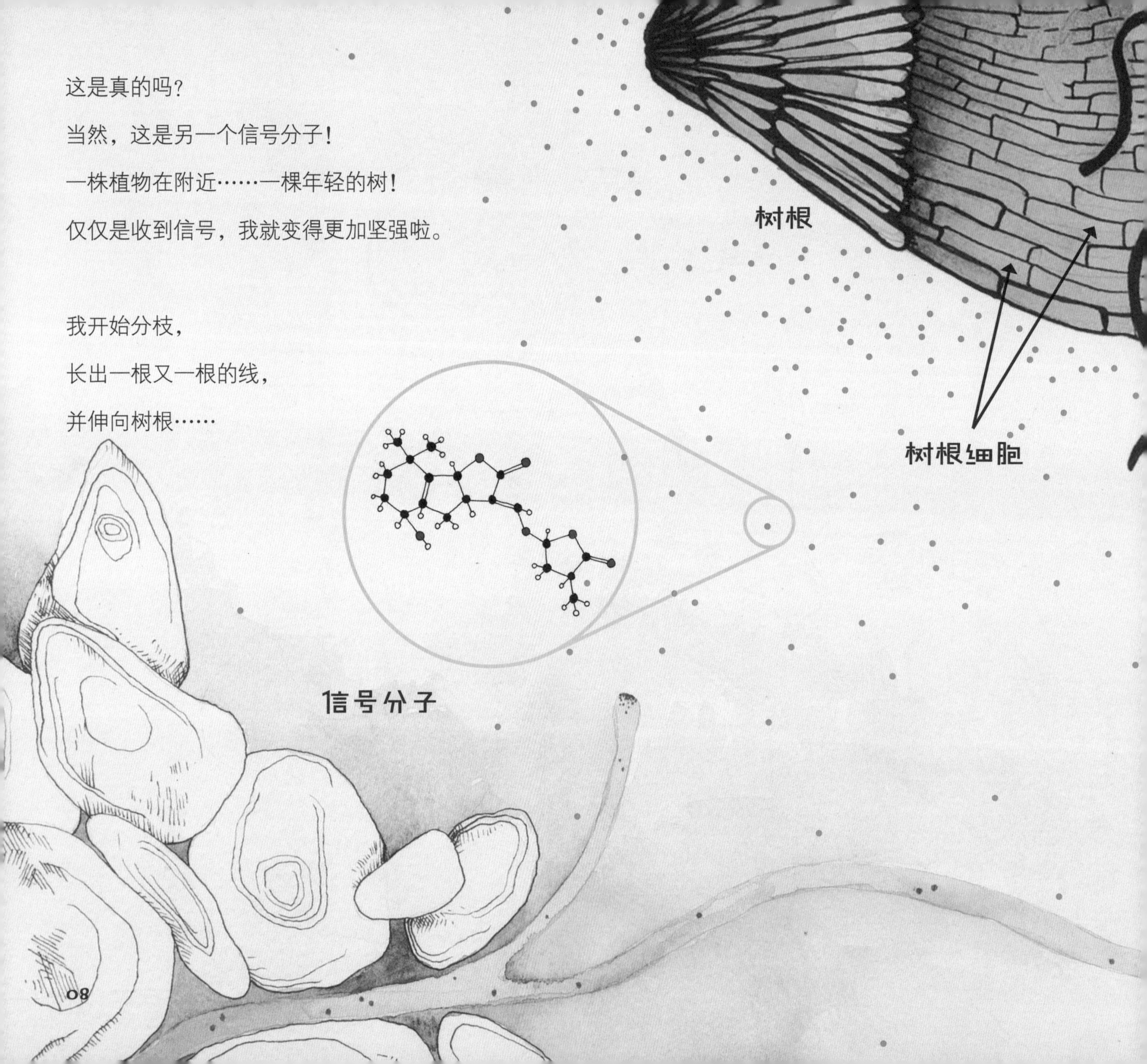

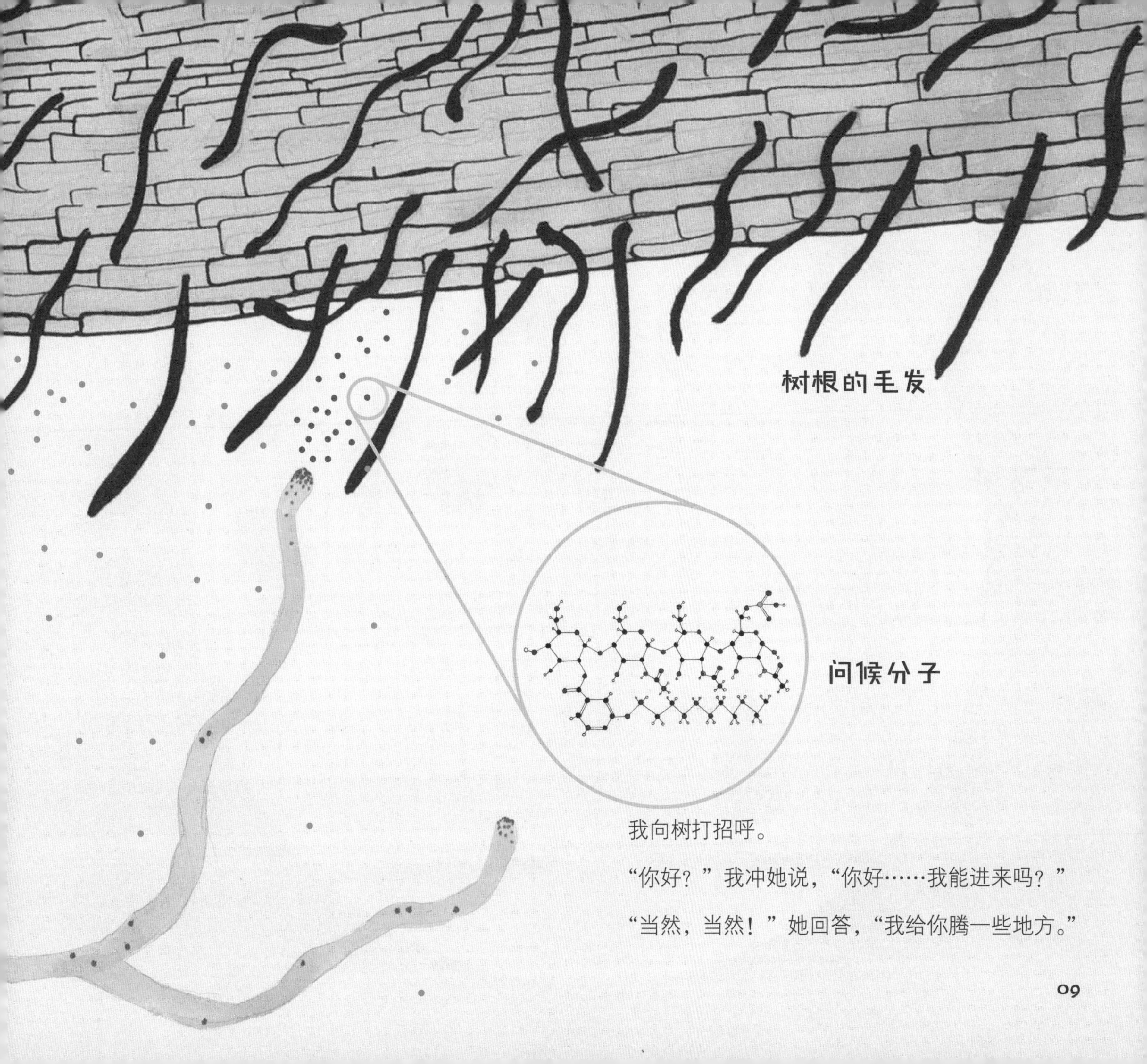

我向树打招呼。

“你好？”我冲她说，“你好……我能进来吗？”

“当然，当然！”她回答，“我给你腾一些地方。”

我的第一根菌丝触摸到树根，马上向四周扩散开，在树根上建了一个小小的平台。

我找到了一条通道，顺着它进入了一个树根细胞。一个对我来说很小，但是很完美的地方。

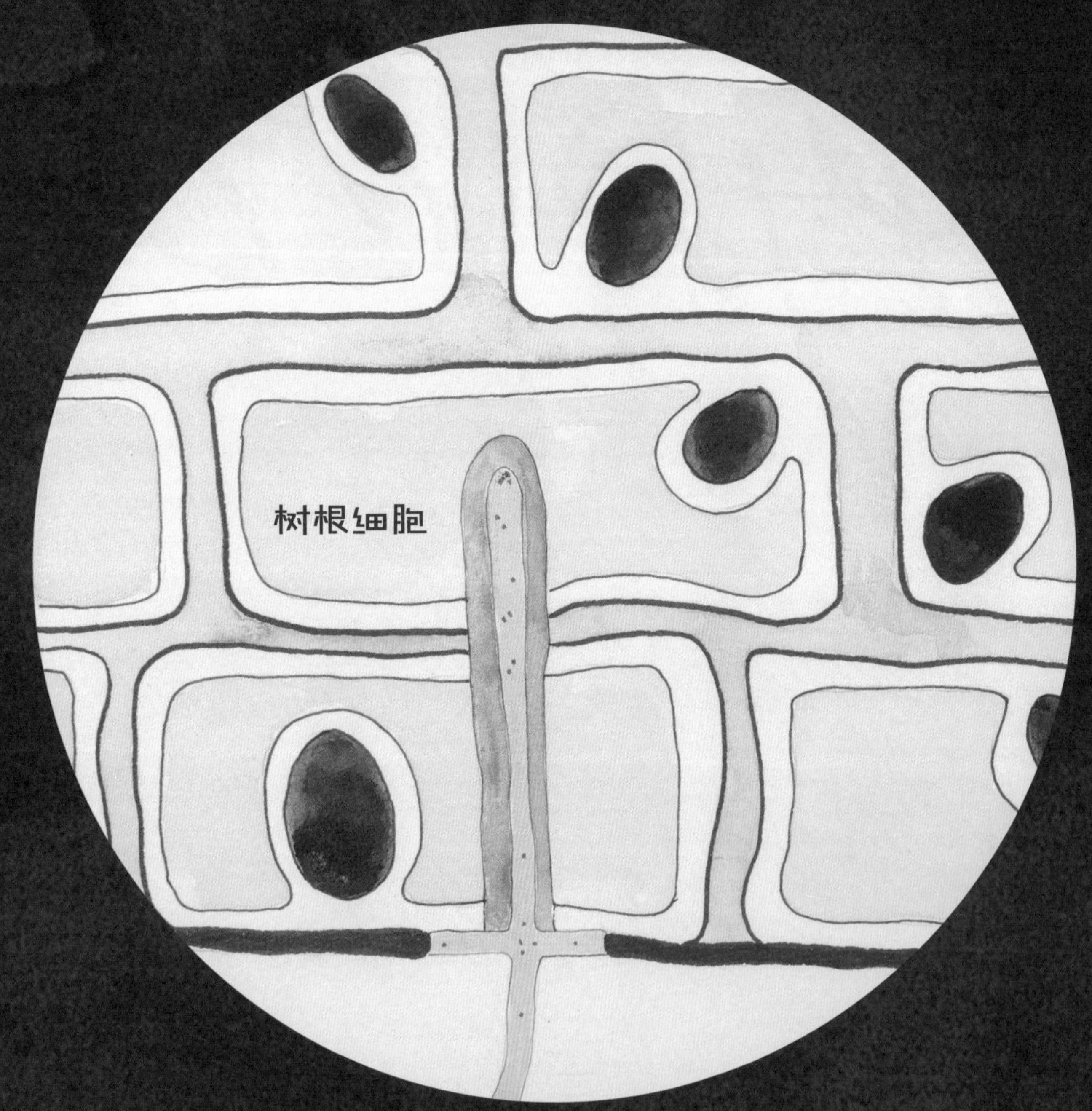

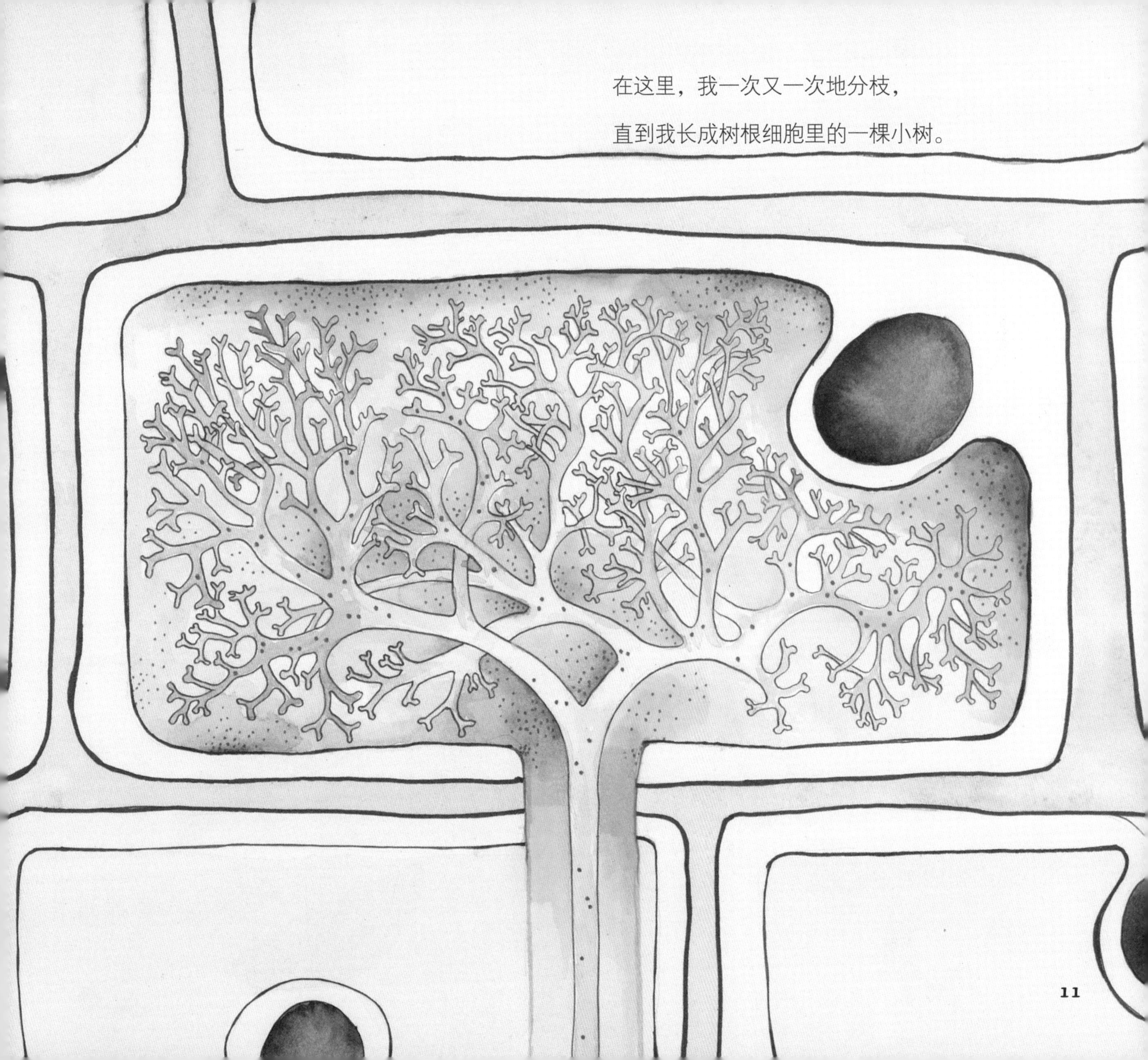

在这里，我一次又一次地分枝，

直到我长成树根细胞里的一棵小树。

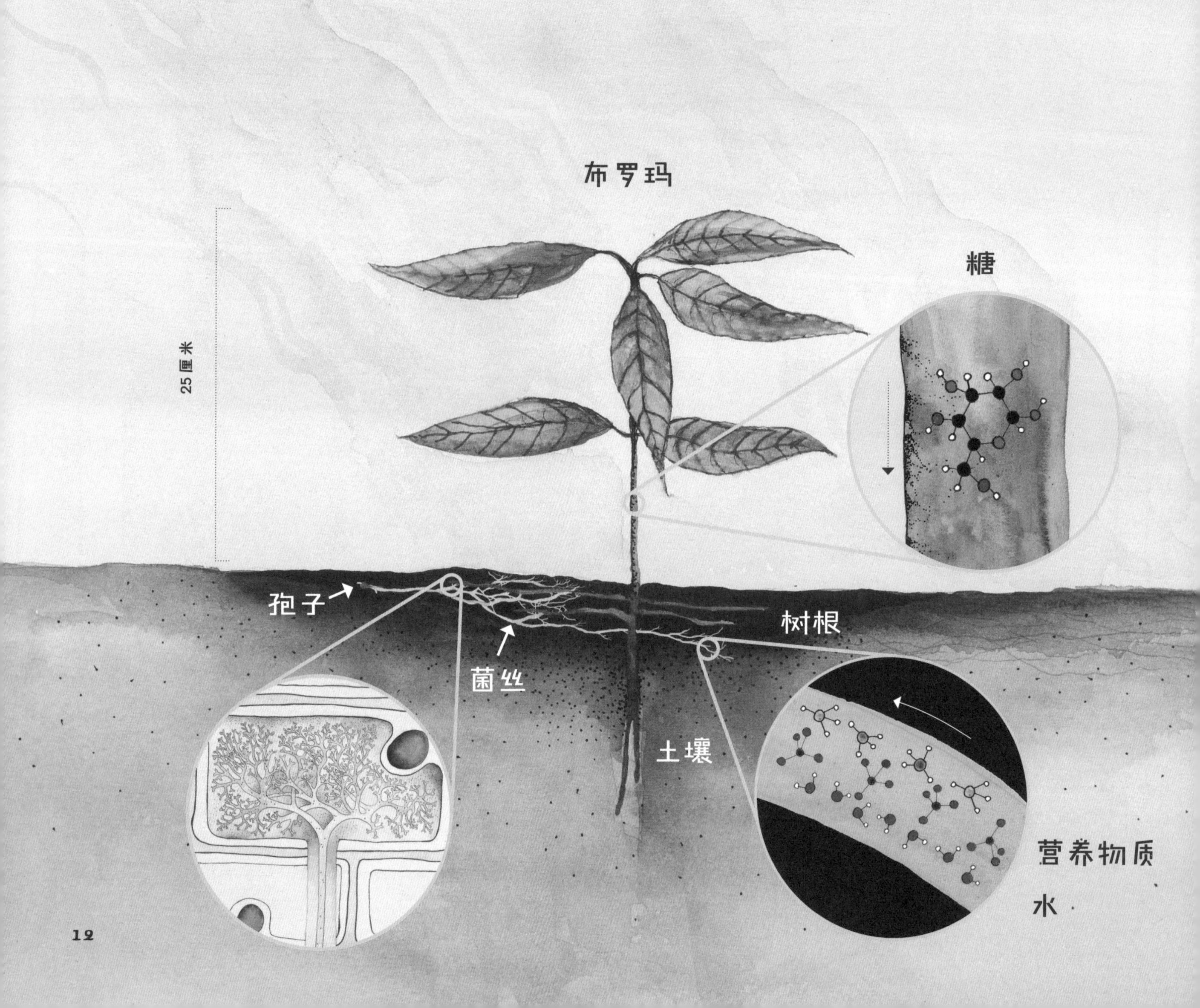
布罗玛
25厘米
糖
孢子
树根
菌丝
土壤
营养物质
水

树和我说，她独自一人，

年纪又小，在这片贫瘠干燥的土地上生活。

“我叫布罗玛。”她说。

她给我一些糖，让我有了力量。

“我会帮你，但我也需要你的帮助呢，”

她说，“我需要营养和水，

不然我们都会饿死的。”

“我会尽力的！”我向她保证。

我把菌丝扎进土里，

伸到布罗玛的根伸不进去的地方。

找到营养和水啦，

我把营养和水一个分子一个分子地送给布罗玛。

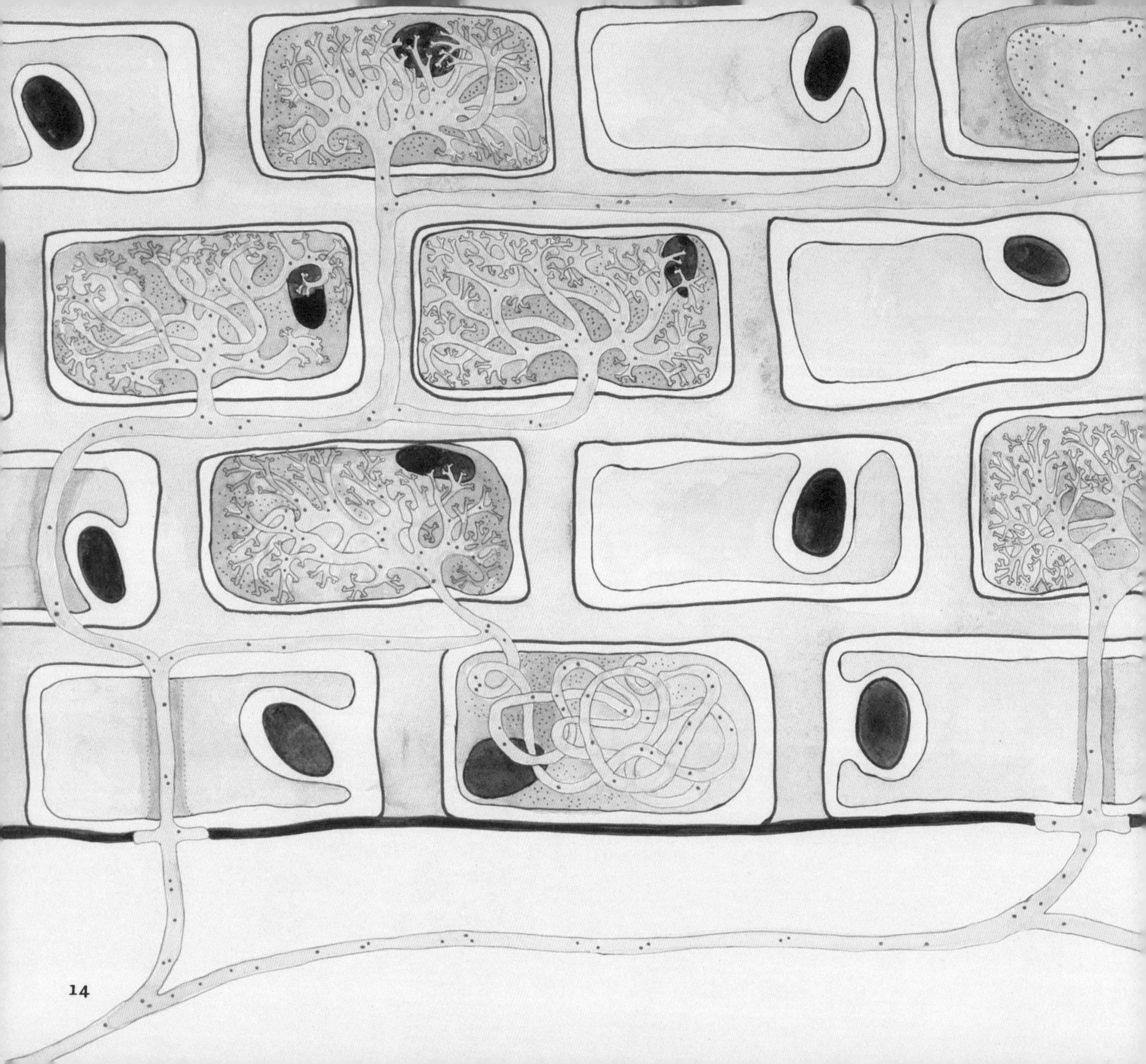

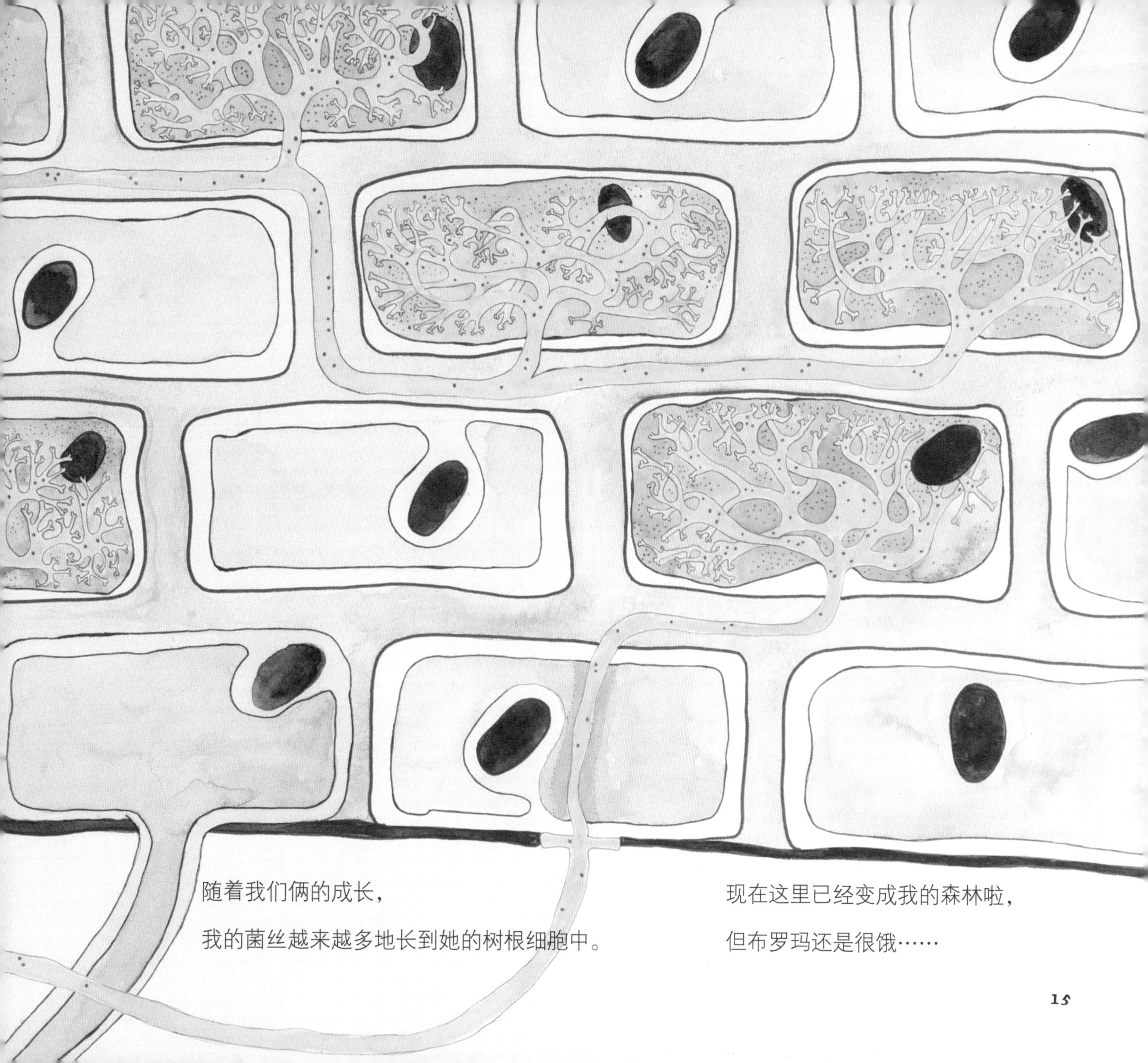

随着我们俩的成长，

我的菌丝越来越多地长到她的树根细胞中。

现在这里已经变成我的森林啦，

但布罗玛还是很饿……

我在泥土中寻找，走得越来越远，

直到我的一个指尖感觉到了什么。

“你好！”她在呼唤。

她是另一个真菌，和我属于同一个家族。

“你好！”我好奇地回答。

我们接触，就像命运，就像融化一样。

我们的皮肤变软了，

我们交换了身体的一部分。

现在我是真菌了，而她是我。

“我们是菌根真菌。”她说。

“我们是菌根真菌。”我十分同意。

布罗玛
菌根真菌

第二部分

布罗玛

我们，菌根真菌

在森林边缘，布罗玛渐渐老了，

她敏感的根在土壤里觅食。

她每年结出果实，落下种子。

我们，菌根真菌的菌丝遍布了很多地方。

我们把成百上千棵树木和小植物的根连在一起，

把水和营养从一个根带到另一个根，

帮助他们共享资源。

我们是巨大森林网络的一部分。

菌根真菌

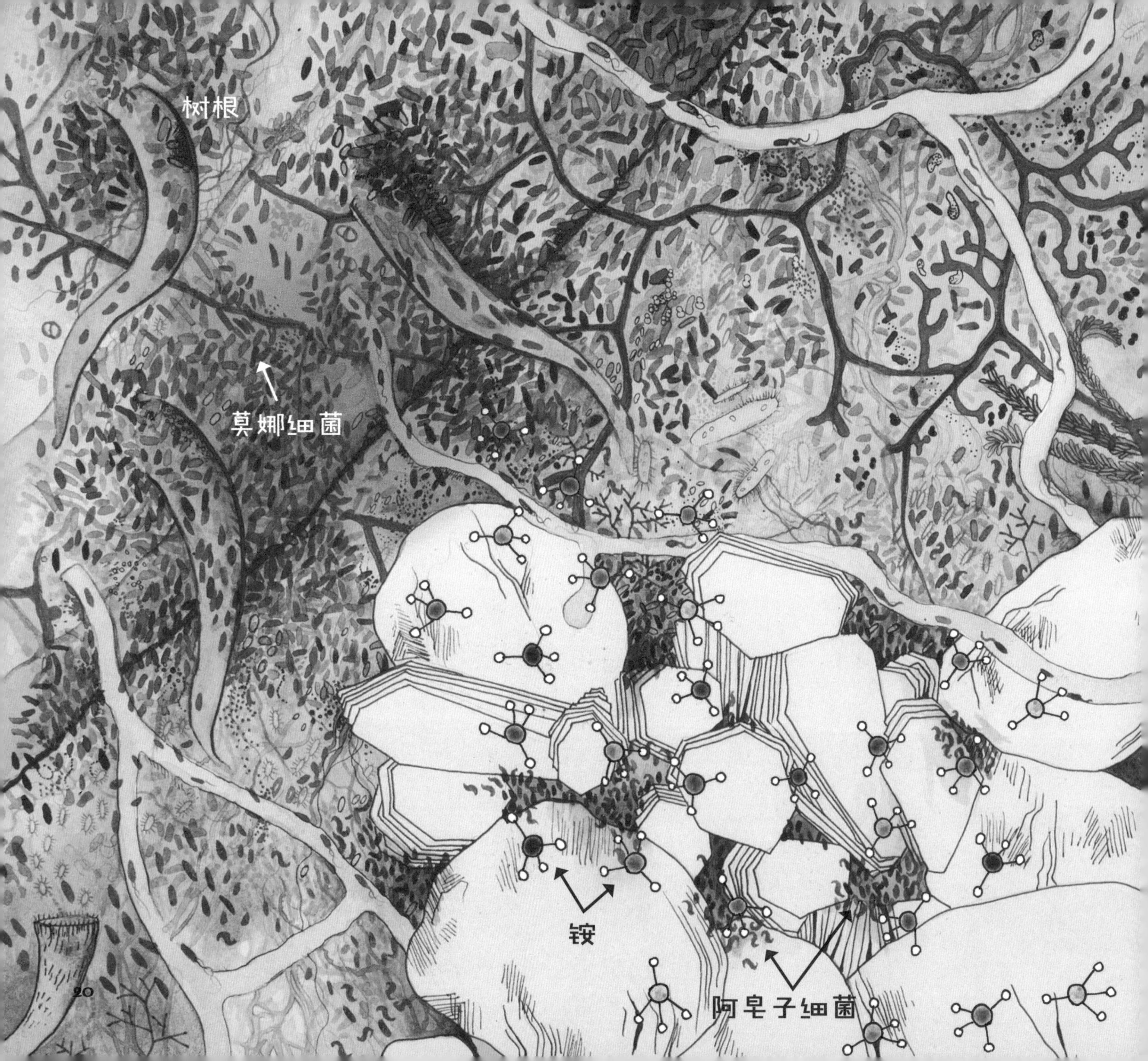
树根
莫娜细菌
铵
阿皂子细菌

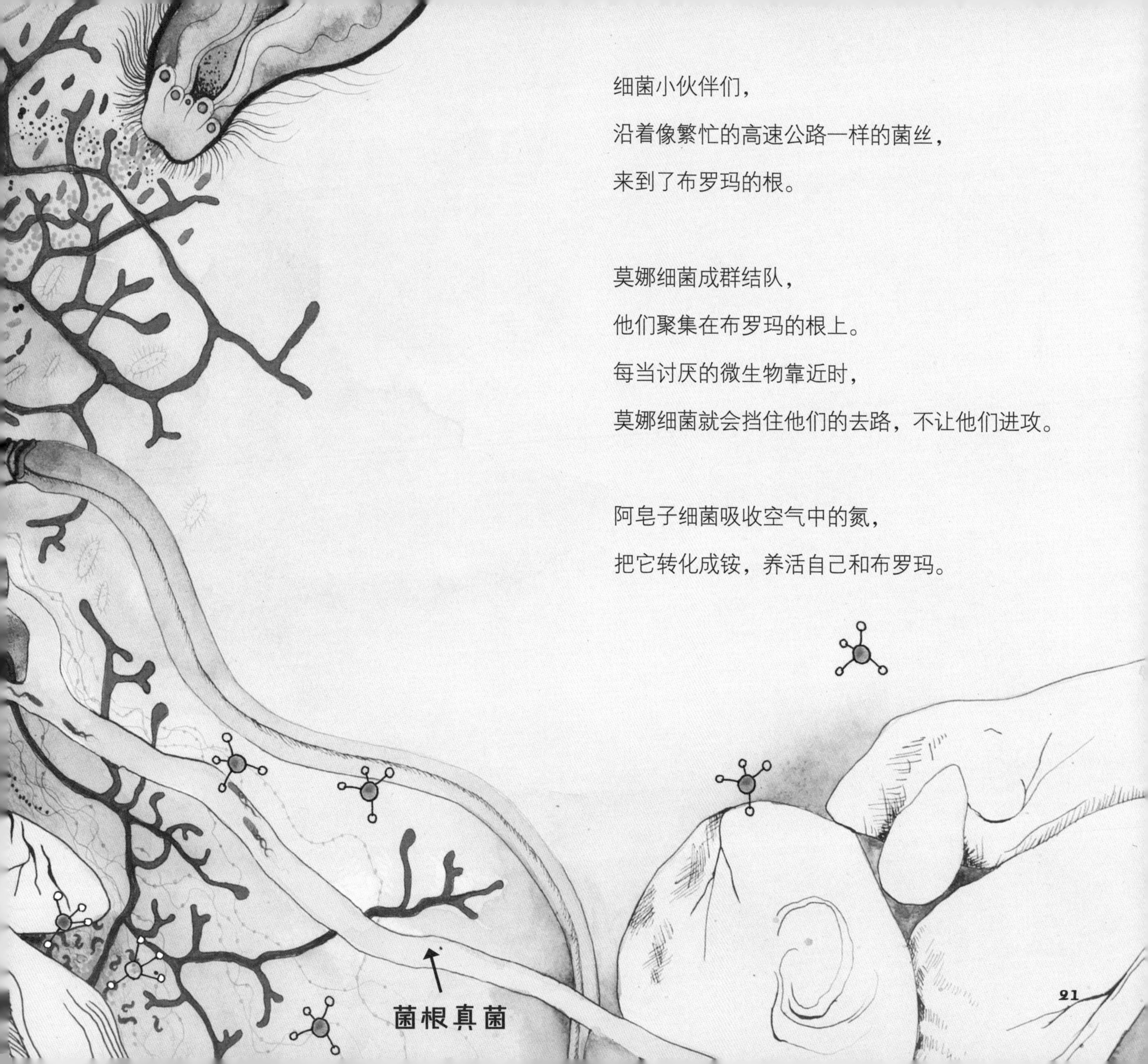

细菌小伙伴们，

沿着像繁忙的高速公路一样的菌丝，

来到了布罗玛的根。

莫娜细菌成群结队，

他们聚集在布罗玛的根上。

每当讨厌的微生物靠近时，

莫娜细菌就会挡住他们的去路，不让他们进攻。

阿皂子细菌吸收空气中的氮，

把它转化成铵，养活自己和布罗玛。

小伙伴们一块分解树叶和树皮，

在土壤中制造了很多腐殖质，并建造了很多小气穴。

我们，菌根真菌，在这里快乐地生长。

这里，放线菌把黑暗的味道变得鲜美极了。

我们与友好的细菌合作，

把土壤变得黏糊糊的，真好吃。

我们一起塑造地球。

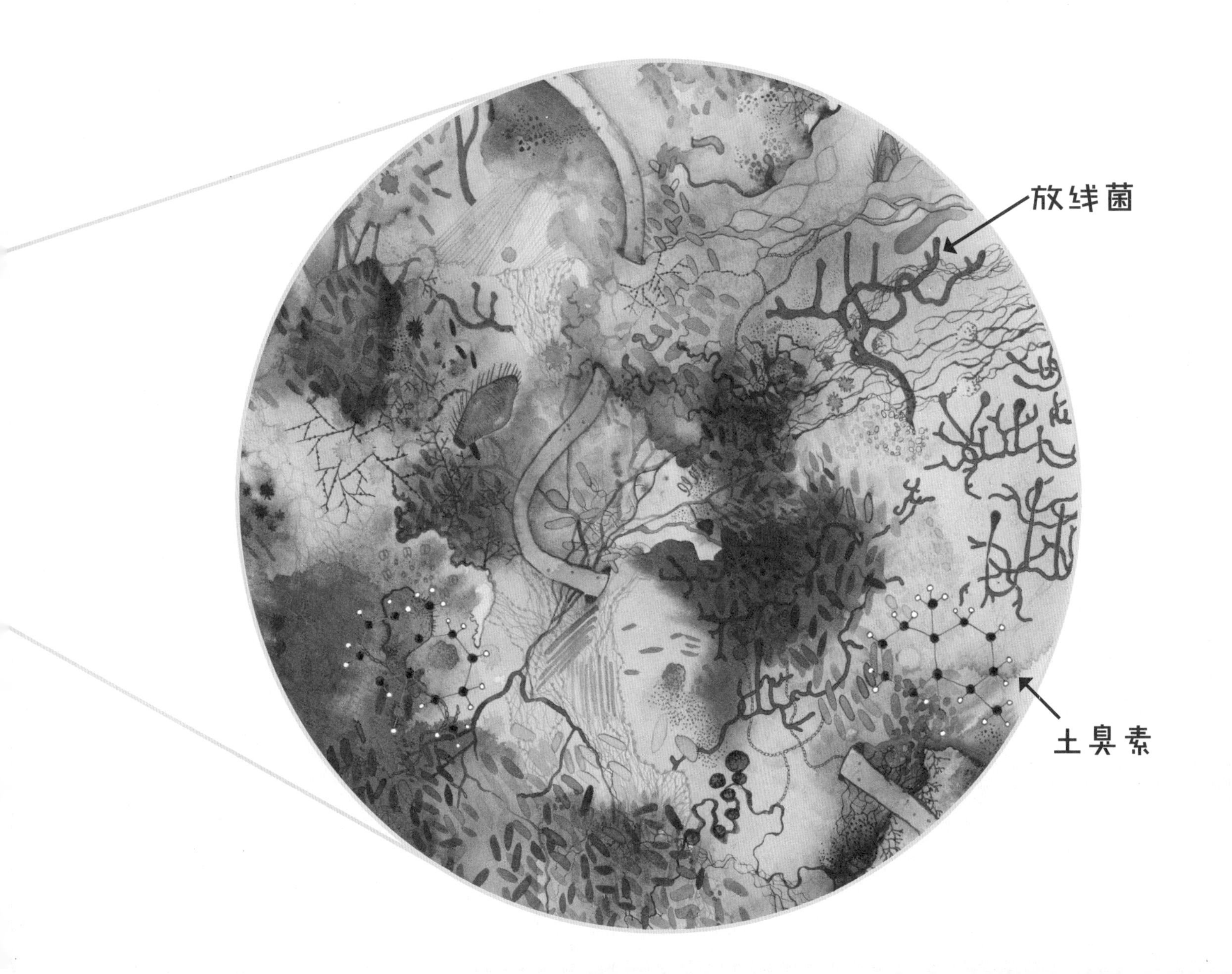

一天，我们的菌丝在探索时，

发现了一丛饥饿的小树。

他们生长在远离森林保护伞的地方。

我们告诉布罗玛，她兴奋不已……

那是她的孩子！

我们哼着歌，

穿过地下网络，

给她的孩子们送去水和糖。

“磷！”他们哭了，

“我们需要磷！”

我们给老朋友铁力士细菌发去一根菌丝。

他们仍在溶解磷晶体，释放磷。

“我们从附近的树那里带来消息，”我们说，

“如果你愿意分享磷，他们可以给你糖。”

喜气洋洋的铁力士细菌给我们提供磷，

我们则将磷给布罗玛的孩子们。

铁力士细菌同时也在狼吞虎咽地吃着我们给的糖。

一切都很好。

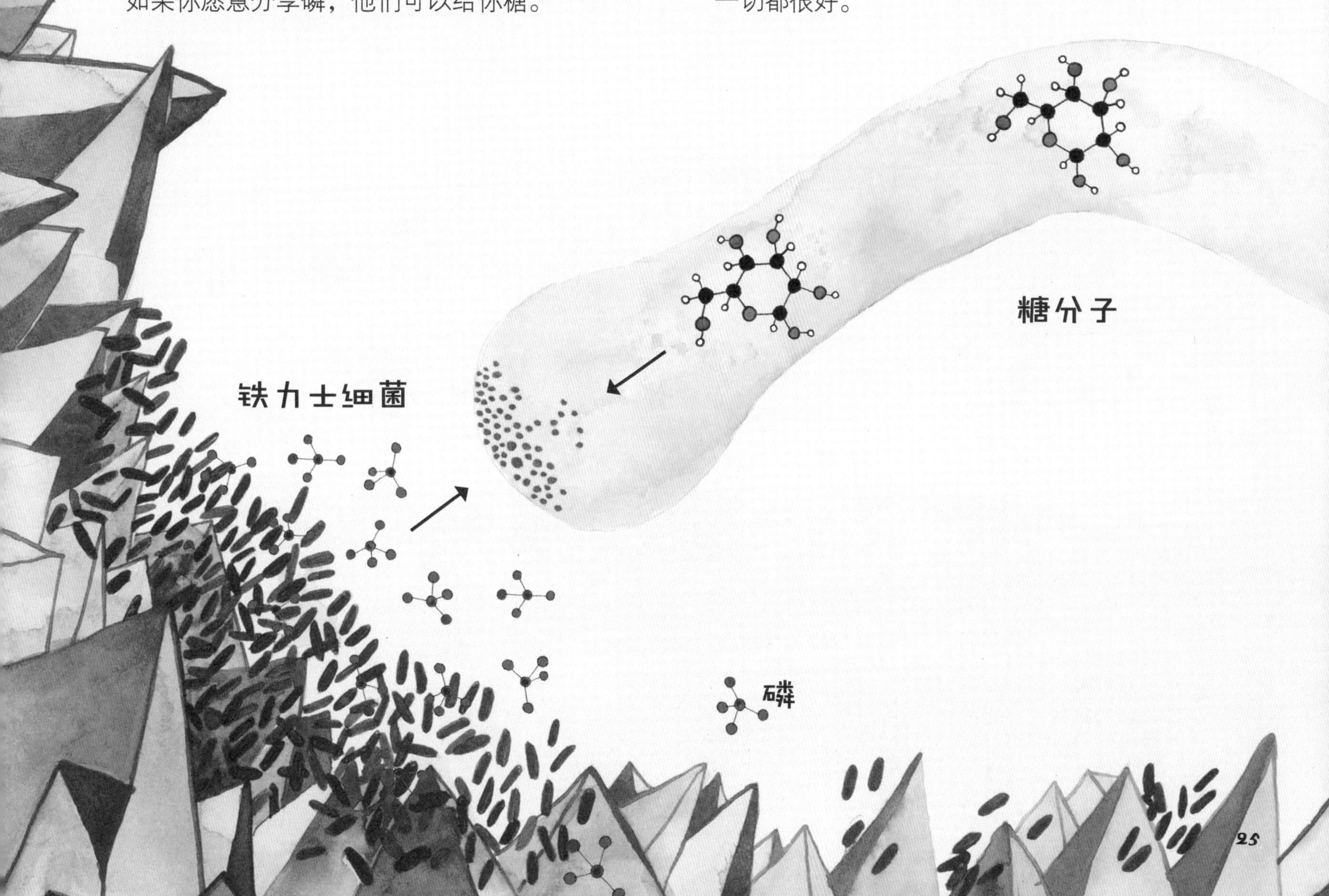

但那个夏天，雨水没有来。

几天来，我们，菌根真菌，

都能感觉到热气从上面的土壤里倾泻而下。

树变得干渴。

“水！”他们央求着，“带水来！”

我们，菌根真菌，沿着菌丝，

把储藏在土壤里的水分传给树木，

减轻他们的口渴，让他们活下来。

但是他们需要更多的水。

几周过去了，我们开始感到绝望。

更糟糕的是，

小树宝宝没有足够的小伙伴来帮他们。

这里的土壤仍然干硬，

他们的根紧紧扎在一起。

小树宝宝开始尖叫。

我们的菌丝拼命地穿过泥土，到处寻找水。

每当我们发现一个微生物建造的、

小小的、潮湿的绿洲，我们就和树木一起分享它。

但是许多微生物已经停止了生长，

对细菌来说，情况变得很糟。

铁力士细菌需要水来开采磷，

所以，磷的供应慢慢停止了。

数以亿计的放线菌停止了活动，变得一动不动。

所有的阿皂子细菌也停止了运转，进入睡眠。

莫娜细菌一家也撑不下去了。

四周，到处是饥渴的尖叫声。

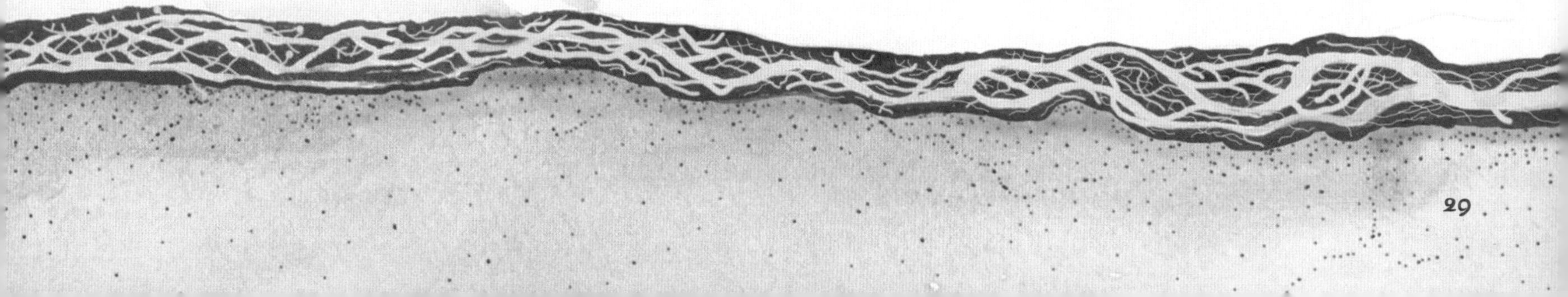

一棵小树宝宝，出现了严重的反应。

她十分痛苦，然后……绝望。

布罗玛意识到，这个小孩正在离她而去。

我们，菌根真菌，抱着她，

用整个庞大而复杂的森林网，紧紧地抱着她。

我们在一起……一起面对死亡。

终于，土壤开始变凉啦……会下雨吗？

是的！水滴开始慢慢从周围的黑暗中渗出来。

树根感激地吸着水，满足地解着渴。

细菌开始活动。

我们向那棵小树宝宝伸出一根菌丝。

我们让这么多树活了下来，

但这棵没有。

在干热的风中，她倒在了地上。

成千上万的小伙伴聚集在她的周围，

把小树宝宝变成了肥沃的、黏黏的土壤。

布罗玛幸存的孩子，

将有更多的食物和空间来成长。

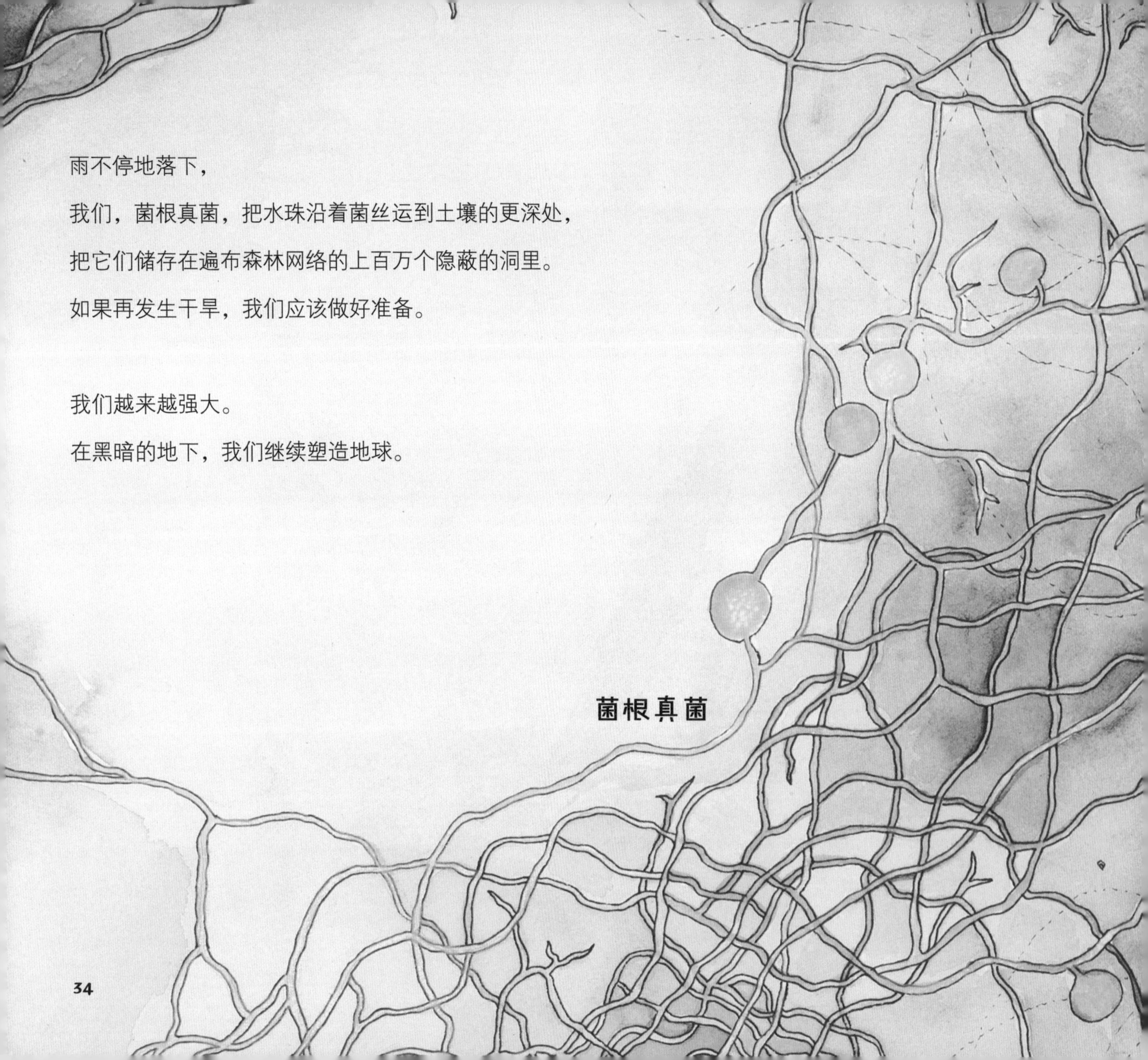

雨不停地落下，

我们，菌根真菌，把水珠沿着菌丝运到土壤的更深处，

把它们储存在遍布森林网络的上百万个隐蔽的洞里。

如果再发生干旱，我们应该做好准备。

我们越来越强大。

在黑暗的地下，我们继续塑造地球。

故事背后的科学

故事中共生关系的简单指南

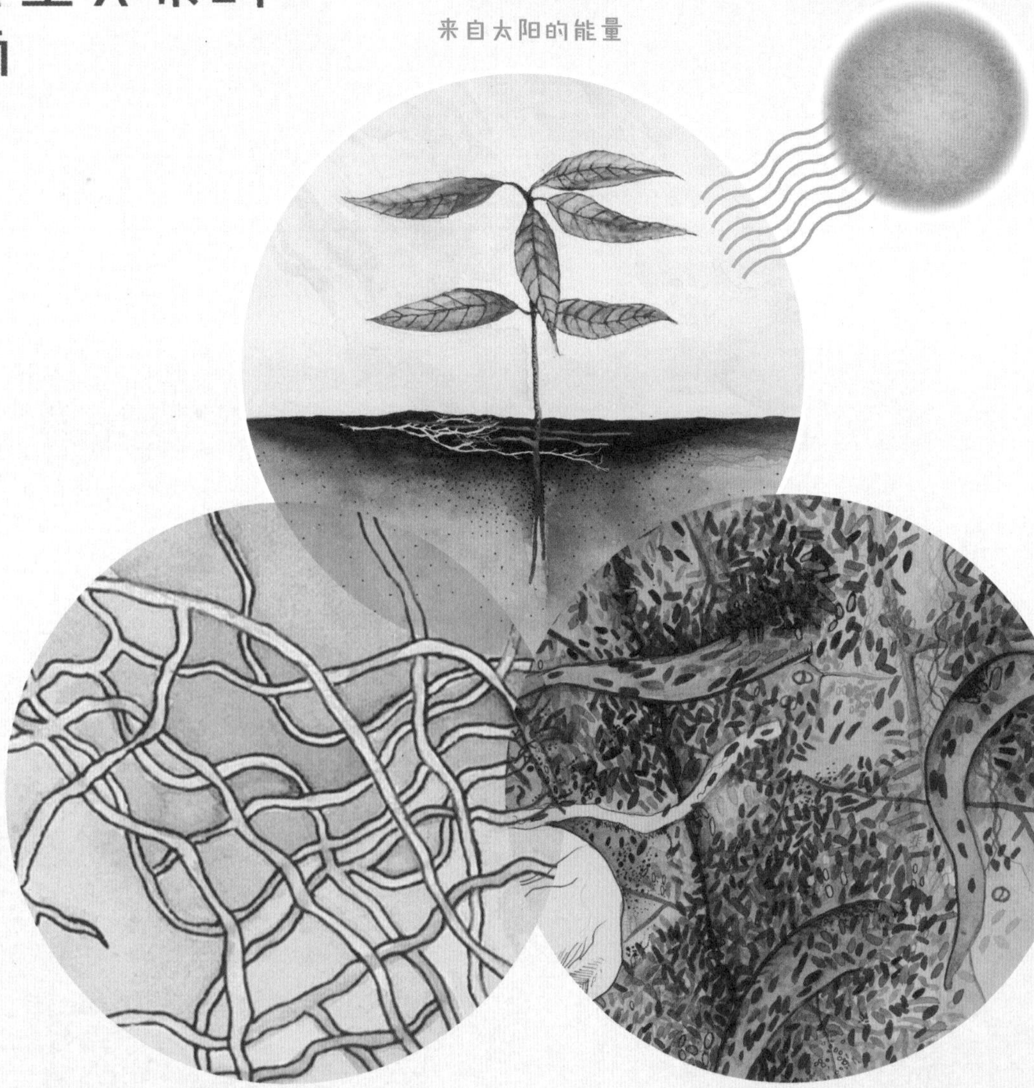

植物 转化
来自太阳的能量

菌根真菌 连接和分享
能量、营养和水

细菌 循环利用
营养物质

地下的关系

所有的生命都需要能量、营养和水。为了满足这些需求，植物、真菌和其他土壤微生物以共生伙伴的关系，共同工作了4亿多年。

植物（布罗玛）

植物可以利用光能，把二氧化碳和水转化成糖和脂肪，然而，它们需要从土壤中吸收水和养分。因此，它们会用一些糖，来和微生物交换水和养分。

菌根真菌

菌根真菌能从植物的根部，向土壤中长出数千米长的菌丝。这些菌丝非常善于发现和吸收隐藏在土壤中的水分和养分，并把这些运输给它们的植物伙伴，以换取糖和脂肪——这很像植物根的延伸。这些真菌还和细菌等其他微生物连接，共享植物的一些能量，以交换土壤中的矿物质。

细菌（铁力士细菌/阿皂子细菌/莫娜细菌/放线菌）

细菌、真菌和其他土壤微生物能分解矿物质和有机物，把氮和磷等养分释放回土壤中。植物和菌根真菌通过共享糖刺激和推动这一重要的循环工作。

植物：为土壤提供太阳能

化石记录表明，大约5亿年前，植物以单细胞绿藻的形式，首先在海洋中出现。为了适应干旱的新环境，藻类和真菌、细菌形成了共生关系。

从那时起，植物和真菌、细菌共同进化出了一系列不同的关系。这种强大的关系，使它们占领了地球上几乎所有的陆地表面——从森林到草原，从花园到城市公园。

来自太阳的能量

植物通过光合作用，把太阳能转化成化学能。

因此，植物被认为是推动土壤生态系统大部分活动发生的能源发电站。

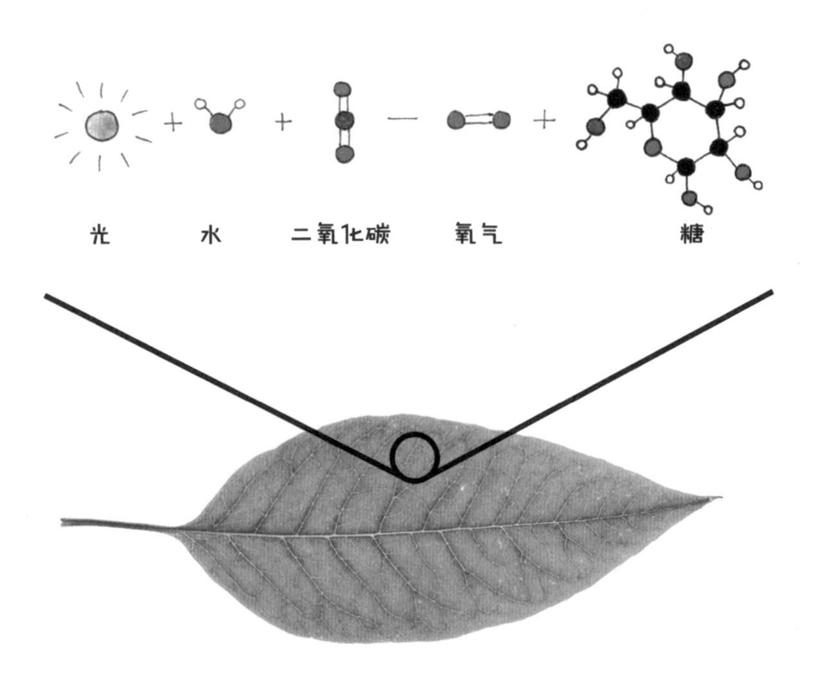

土壤中的食物

植物最需要的养分是磷和氮，除此之外，还需要一些其他营养物质，如钾、硫、钙、镁和锌等。

“四周，到处是饥渴的尖叫声。”（第29页）

科学研究表明，植物能产生声波，也能对声波做出反应。在干旱的条件下，一些植物会发出超声波，就是这个故事中的“尖叫声”。

“我们哼着歌，穿过地下网络，给她的孩子们送去水和糖。”（第24页）

虽然植物在地面上为争夺空间、光线和养分而互相竞争，但在地下，它们的根互相连接，通过真菌网络分享能量、水和养分，这种分享甚至在相邻的根之间也会发生。通过合作，植物创造了森林、草原等更加稳定、更有弹性的群落。

可可树：巧克力树

神的食物

可可树是一种小树，原产于亚马孙热带雨林，这里是这个故事发生的背景。可可树这个属的名字来源于希腊语theos（上帝）和broma（食物），可可这个物种的名字来源于当地的玛雅语kakaw。

可可树生长在热带雨林的树冠下。在这个故事中，布罗玛生长在森林的边缘，这意味着她远离了热带雨林的阴凉和湿度。这一挑战性的环境，使它和真菌伙伴的合作更加重要。

可可花结出果实，就是可可荚。可可荚中含有20—60粒种子，就是可可豆。可可豆传统上是用来做饮料的，但现在主要用来做巧克力。如今，在赤道周边的许多地区都种植了可可树，几乎一半的可可豆来自西非国家科特迪瓦和加纳。由于虫害、疾病的蔓延，以及气候变化导致的干旱增加，全球巧克力的生产将在未来面临威胁。

布罗玛在所有生命的科学分类中处于什么位置?

域：真核生物	目：锦葵目
界：植物界	科：锦葵科
门：被子植物门	属：可可属
纲：双子叶植物纲	种：可可树

神奇的真菌

真菌在地球生态系统中，在碳和营养物质循环方面起着核心作用。真菌中最著名的一个种类是蘑菇，雨后它们就会从土壤中冒出来。然而，大多数真菌一直生活在地下，隐藏在人们的视线之外。

土壤真菌主要通过三种方式生存：

- 腐生真菌，与细菌一起，分解有机物，获得能量。
- 捕食真菌，通过攻击其他生物，窃取能量。
- 菌根真菌，通过与植物根的共生关系，获得能量。

“我是一个小小的真菌孢子，我身上带着一点儿脂肪和糖，这是我仅有的口粮……”（第04页）

孢子是真菌生命周期的开始和结束。真菌孢子是真菌的种子。孢子可以长期休眠，直到被植物的信号或水唤醒。真菌孢子有各种各样的大小和重量：有的很轻，可以被风和雨携带；有的又大又重，通过菌丝散布在土壤中，寻找植物的根，和它形成共生关系。

“我向土里伸出一根菌丝，把力量聚集在它的尖端。”（第04页）

大多数真菌，包括菌根真菌，都是用菌丝来生长和传播的。菌丝是由许多细胞核组成的长而细的管状细胞链。真菌菌丝可以在土壤的小穴和小通道里延伸，长成数千米的分支网络，称为菌丝体。每根菌丝的生长方向和速度，由它们尖端的微小结构决定，这种结构被称为“尖体”。

菌根真菌

菌根（mycorrhiza）这个词来自希腊语mykes（真菌）和rhiza（根），用来描述真菌和植物之间互利共生的关系。菌丝与植物的根有两种连接方式。

外生菌根：在植物的根周围形成一个网络。

内生菌根：在植物的根细胞内生长。

所有的菌根真菌都靠植物的根提供能量，作为回报，它们为植物提供水和营养，特别是磷。这种古老而高度进化的关系，依赖于植物、真菌识别和奖励好的共生伙伴的能力。

植物根系周围，菌根、菌丝和孢子的扫描电镜图像。

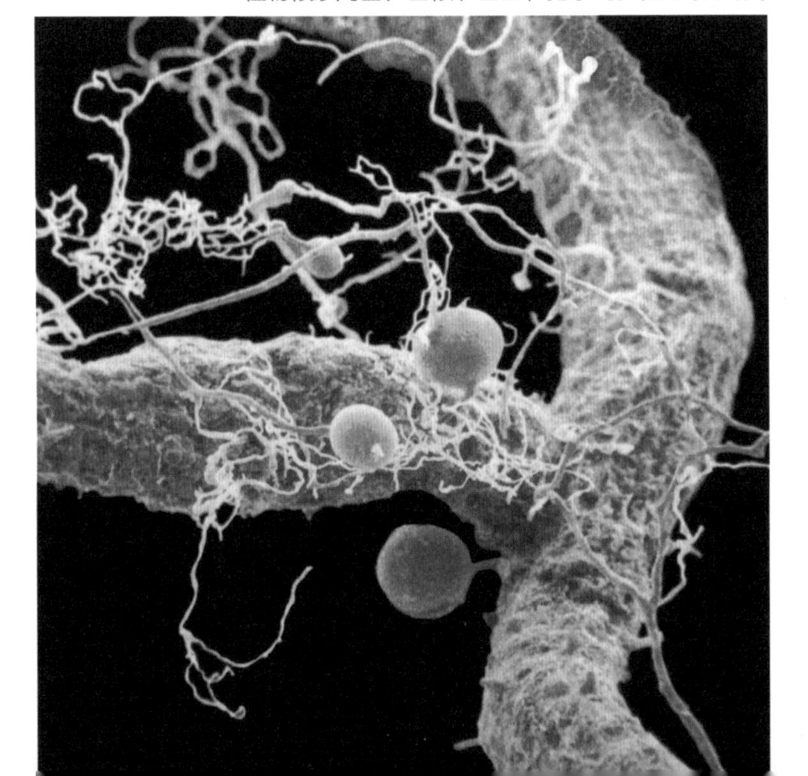

当菌根真菌遇见布罗玛

菌根真菌是最古老的真菌谱系之一。这些菌根真菌与三分之二的陆地植物形成共生关系，这使它们成为地球上最重要的共生伙伴之一。

“然后，有什么东西……一个分子……？一个信号分子！”（第07页）
“仅仅是收到信号，我就变得更加坚强啦。”（第08页）

菌根真菌能探测到植物的根释放出来的特殊的化学信号，该化学信号是被称为独脚金内酯的信号分子。这些信号分子将菌根真菌吸引到植株上，并在初期刺激菌根真菌菌丝的生长和分枝。

“在这里，我一次又一次地分枝，直到我长成树根细胞里的一棵小树。”（第11页）

菌根真菌的菌丝一旦进入植物的根细胞，就会形成微小的树状结构，在那里菌根真菌和植物交换养分。这些结构被称为丛枝菌，这类菌根真菌被称为丛枝菌根真菌。

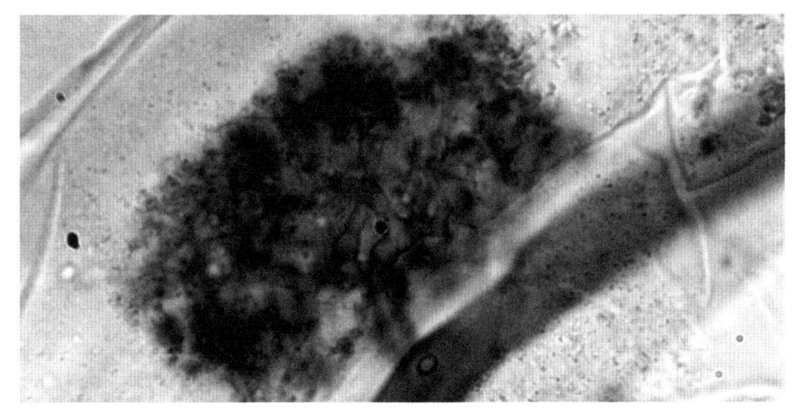

图片来自法国丹尼尔·维普夫教授，勃艮第大学农业科学研究院。

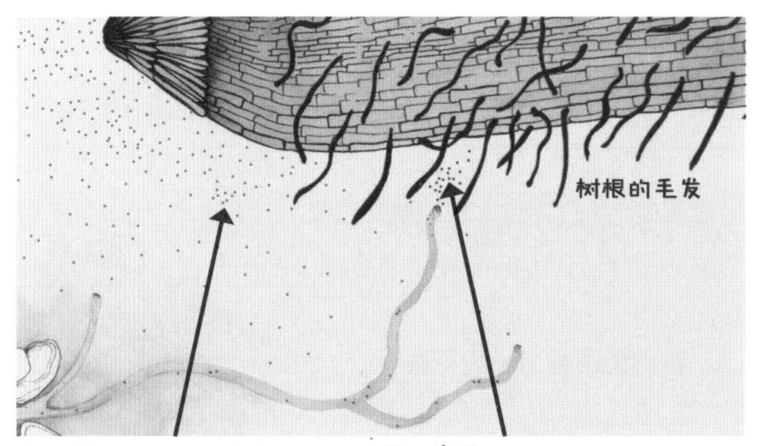

布罗玛释放的独脚金内酯　　菌根真菌释放的Myc因子

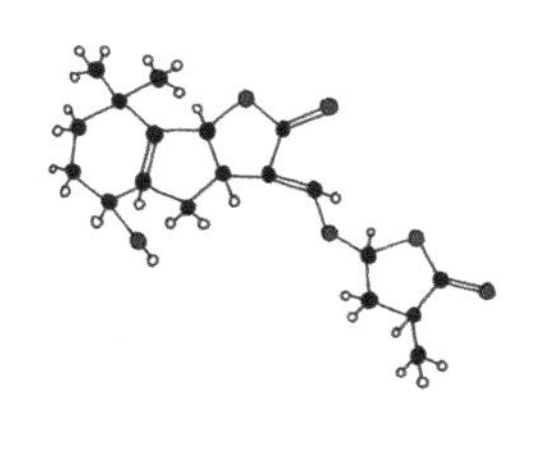

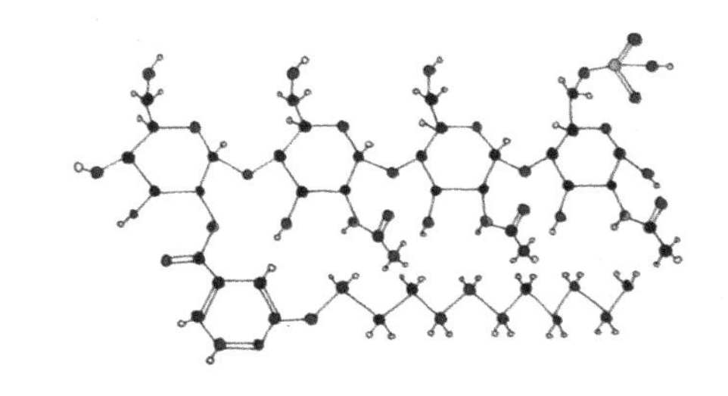

“我向树打招呼。‘你好？’我冲她说，‘你好……我能进来吗？’‘当然，当然！’她回答，‘我给你腾一些地方。’”（第09页）

菌根真菌会分泌自己的化学信号，即“Myc因子”，用来回应植物的信号分子。如果植物认为这些化学信号很友好，就会创造一个通道，让菌根真菌进入。

菌根真菌在所有生命的科学分类中处于什么位置？

域：真核生物
界：真菌界
门：球囊菌门
纲：球囊菌纲
目：球囊霉目
科：球囊霉科
属：球囊霉属

有超级本领的小伙伴

土壤是细菌、真菌、原生动物、病毒、古生菌等微生物的家园。科学家估计，一小块儿健康的土壤中含有的细菌数量，比地球上人类的数量还要多！细菌有分解、消化和溶解有机物、矿物质的能力，而这些物质是其他生物必需的。这个故事中，有四种细菌，它们在土壤生态系统中扮演着重要的角色。

铁力士细菌：矿物分裂者

“他们又小又壮，正利用水滴从土壤中释放磷。”（第06页）

磷是植物生长必需的营养元素。在土壤中，磷通常以磷酸盐的形式存在。磷酸盐与周围的分子紧密结合，大多数植物和真菌难以吸收它们。然而，部分细菌如铁力士，能制造酶或酸，把磷酸盐转化成真菌和植物可以吸收的形式。

阿皂子细菌：固氮细菌

“阿皂子细菌吸收空气中的氮，把它转化成铵，养活自己和布罗玛。”（第21页）

蛋白质在所有的生命中扮演着重要的角色，没有氮就无法合成蛋白质。尽管氮气占大气体积的78%，但植物不能直接利用它。有些细菌和古生菌有一种特殊的能力，可以通过固氮过程，将大气中的氮转化成可用的铵。有的固氮细菌和豆科植物的根共生，有的固氮细菌在土壤中自由地生活。铵一旦生成，植物和菌根真菌就可以吸收和利用它们了。

土壤微生物图片由陆地环境物理小组的丹尼和苏黎世联邦理工学院提供，扫描电镜图像采集和着色由苏黎世联邦理工学院的安妮·格里特·比特曼提供。

莫娜细菌：保镖和警卫

“每当讨厌的微生物靠近时，莫娜细菌就会挡住他们的去路，不让他们进攻。”（第21页）

靠近植物根的区域被称为根际，根释放糖、脂肪、蛋白质的混合物，这使根际成为许多微生物的家园。根际周围微生物的数量，通常是周围土壤的10—100倍。

有了稳定的食物来源，莫娜细菌长得非常快。它们通过物理作用，阻止致病菌的进入；通过制造杀菌剂，杀死或抑制致病菌的生长；通过释放激素等化学物质，刺激根和菌根真菌的生长。

放线菌：土壤建设者

“……放线菌把黑暗的味道变得鲜美极了。我们与友好的细菌合作，把土壤变得黏糊糊的，真好吃。”（第23页）

放线菌在分解有机物、建设土壤方面起着至关重要的作用。分解需要很长时间——数十亿的细菌和真菌，需要好几个月的时间，才能完全分解一片落叶。许多土壤细菌和真菌会释放出胶状分子，这些胶状分子由超黏性糖和蛋白质组成，用来固定分解物。随着时间的推移，这些黏糊糊的物质就可以把土壤中的矿物质和微生物粘在一起，创造一个小土壤集群。然后，这些小土壤集群又被真菌菌丝缠绕在一个更大的土壤结构中，形成更大的土壤集群。

放线菌能产生各种各样的分子，包括用于医学的抗生素。一些放线菌可以产生一种叫作土臭素的分子，下雨时，我们闻到的那股特殊的“泥土味”，就来自它们。

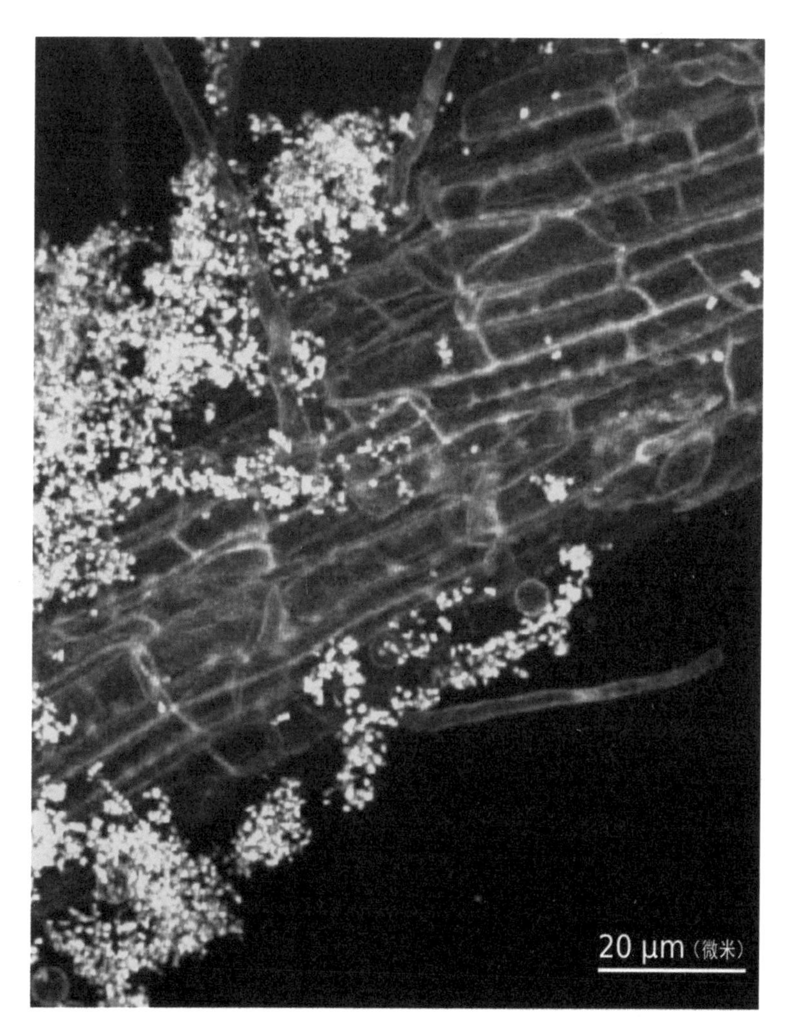

植物根部的细菌图像。来源于哈恩·L. 萨埃尔斯，奥索里奥·菲霍，马查多·尔格，达马塞诺·尔格，金戈·A。用根瘤菌或者根瘤菌和偶氮细菌，给水稻接种，可以让水稻长得更好。

碳·氢·氧·氮·磷

地球上所有的生命，主要都是由这几个关键元素构成的：碳、氢、氧、氮、磷，它们结合在一起形成分子。例如：

- C+H+O — 葡萄糖 ($C_6H_{12}O_6$)
- C+O — 二氧化碳 (CO_2)
- H+O — 水 (H_2O)
- O+O — 氧 (O_2)
- P+O — 磷酸盐 (PO_4^{3-})
- N+H — 铵 (NH_4^+)

这些元素是地球上所有的生命必需的，回收和利用这些元素，所需的能量大部分来自太阳。植物利用光能，把这种能量合成葡萄糖，真菌帮助植物把葡萄糖运到土壤的各个地方。

右图显示了能量、水和营养元素是如何在土壤生态系统中循环的。

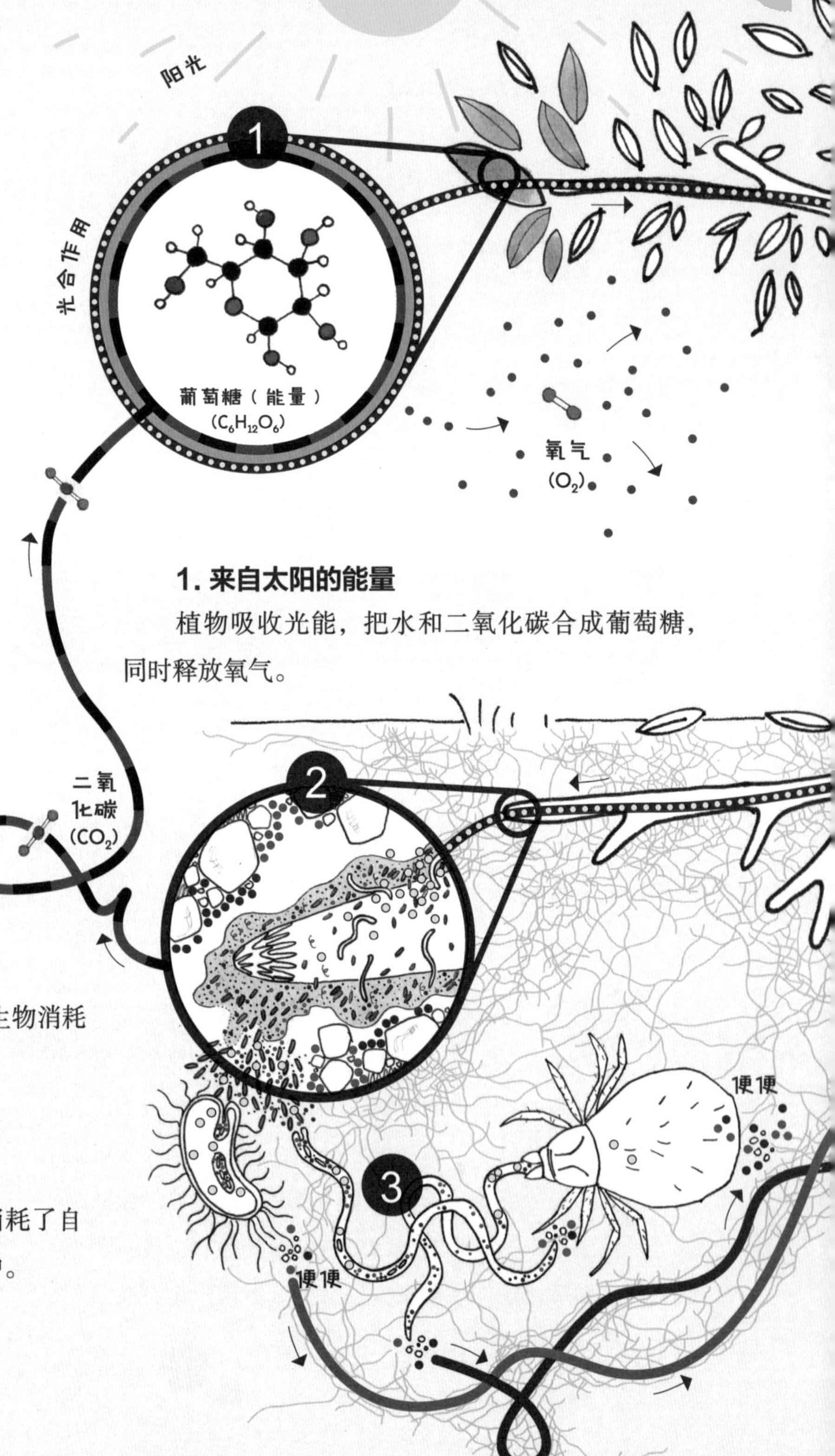

1. 来自太阳的能量

植物吸收光能，把水和二氧化碳合成葡萄糖，同时释放氧气。

2. 供养微生物

植物向土壤中释放葡萄糖，来喂养它根部的微生物。这些微生物消耗这些能量，产生二氧化碳，作为废气排出。

3. 土壤食物链

小生物被大生物吃掉，大生物又被更大的生物吃掉。它们消耗了自己需要的能量和元素，把不需要的物质，如磷和氮，排泄到土壤中。

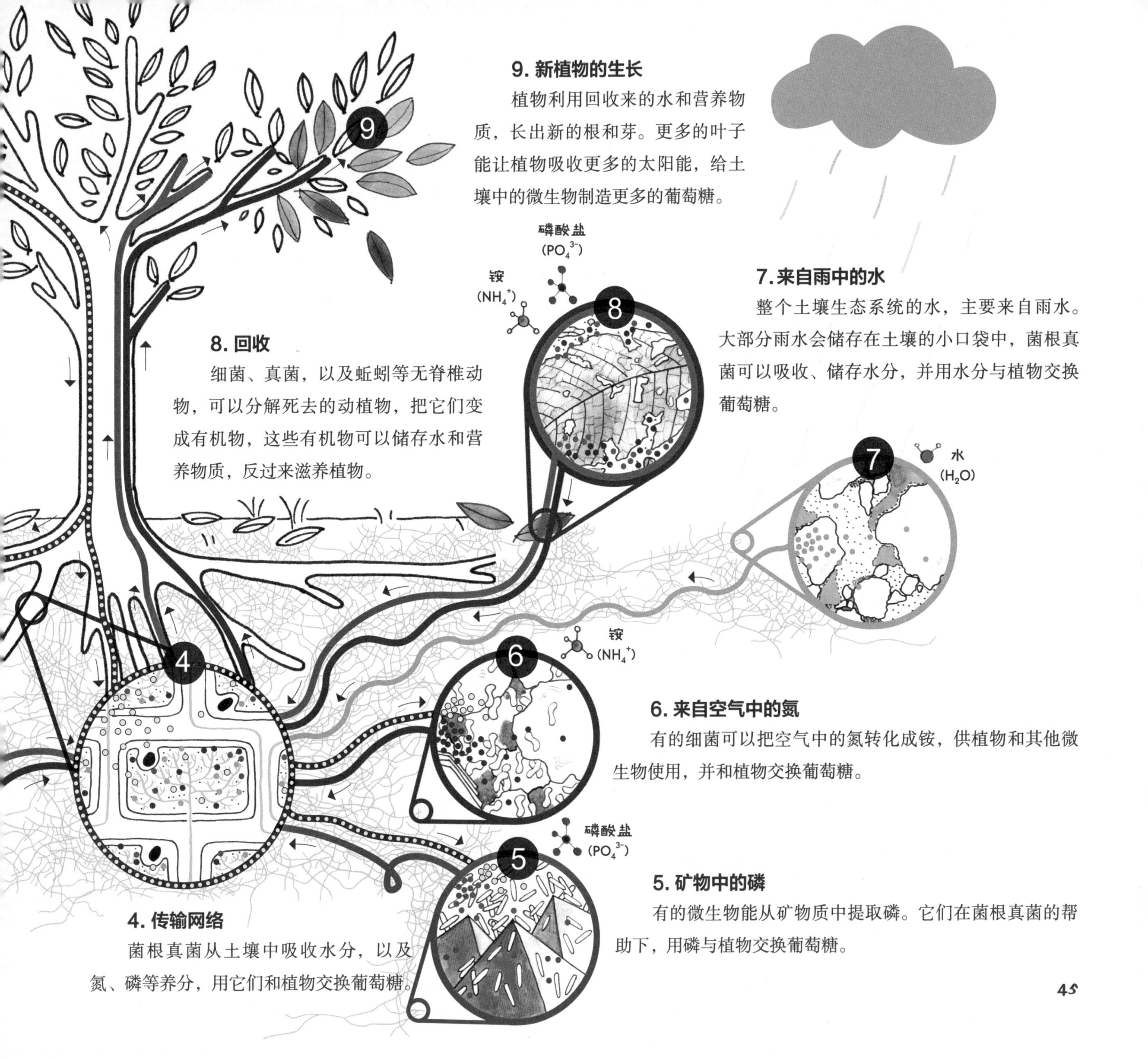
9
9. 新植物的生长
植物利用回收来的水和营养物质，长出新的根和芽。更多的叶子能让植物吸收更多的太阳能，给土壤中的微生物制造更多的葡萄糖。
磷酸盐
(PO_4^{3-})
铵
(NH_4^+)
8
8. 回收
细菌、真菌，以及蚯蚓等无脊椎动物，可以分解死去的动植物，把它们变成有机物，这些有机物可以储存水和营养物质，反过来滋养植物。
7. 来自雨中的水
整个土壤生态系统的水，主要来自雨水。大部分雨水会储存在土壤的小口袋中，菌根真菌可以吸收、储存水分，并用水分与植物交换葡萄糖。
7
水
(H_2O)
6
铵
(NH_4^+)
4
6. 来自空气中的氮
有的细菌可以把空气中的氮转化成铵，供植物和其他微生物使用，并和植物交换葡萄糖。
磷酸盐
(PO_4^{3-})
5
5. 矿物中的磷
有的微生物能从矿物质中提取磷。它们在菌根真菌的帮助下，用磷与植物交换葡萄糖。
4. 传输网络
菌根真菌从土壤中吸收水分，以及氮、磷等养分，用它们和植物交换葡萄糖。

人类和土壤

土壤是地球的皮肤。土壤生态系统是通过地球上的生命、大气、水、岩石、矿物的相互作用而发展的。

人类一直依赖土壤。土壤是食物、燃料、植物纤维和牲畜饲料的来源。在过去的60多年里，人们为了增加农业生产，大力开采和利用土壤。现在，人们已经使用了地球上约40%的土地了。

同时，土壤问题也在不断增多，如表层土流失，被侵蚀，盐度、酸度增加，害虫增多……土壤的不良健康状况，对我们未来文明的稳定性和可持续性构成了威胁。

参见马特·齐默尔曼的《亚马孙的刀耕火种》。

健康的土壤有益于气候

土壤中含的碳，是大气中碳的3倍。土壤中的细菌、真菌、线虫、原生动物、跳蚤和蚯蚓（无论它们是死的还是活的）越多，它们的身体和周围土壤中储存的碳就越多。土壤食物链中生物的多样性，有助于减少大气中的二氧化碳。

重新思考一下农业

现在越来越多的耕种方法，注重与土壤的生态系统合作，以增加地上和地下的生物多样性。这些方法被称为再生农业，包括农业生态学、可持续农业、生物动力和有机农业。再生农业鼓励农民和园丁使用有机肥、混合种植作物、种植草皮或树等方式，反对使用犁、农药和化肥。

杀虫剂是用来杀死害虫或阻止害虫伤害庄稼的化学剂。然而，杀虫剂往往会产生意想不到的后果。比如，杀虫剂也会杀死蜜蜂和瓢虫等益虫。再生农业尝试与友好的土壤微生物合作，保护庄稼免受害虫和致病菌的侵害。与其使用杀虫剂来阻止害虫咬植物的根，不如使用线虫来对付它们，这个过程也被叫作生物防治。

科学家发现，过度使用化肥会使植物变得“自私”。当植物不缺营养时，它们的根共享的糖和脂肪就变少了。这逐渐导致了土壤中微生物生命力的丧失。与施肥不同，再生农业培养土壤中的微生物，以循环利用土壤中的养分。

爱护土壤

我们可以尽自己的一份力量，让土壤变得更肥沃，更健康。健康的土壤有助于植物从大气中吸收碳，把它们储存在地下，为微生物提供家园。培育、爱护哪怕是小小的一片土壤，也能带来很大的改变。

种植

有植物生长的土壤，才是健康的。植物把光能转化成糖，提供给生活在地下的数十亿微生物。植物越多，它的根分享的糖就越多，就越能滋养整片土壤。

覆盖

土壤喜欢有一张保护毯。在土壤中添加一层树叶、稻草或有机肥，可以帮助土壤在夏天储存水分，在冬天保存热量，并抑制其他杂草的生长。

浇水

土壤喝了充足的水，植物才会开心。然而，光靠降雨是不可靠的，植物需要稳定的水供应——这就是为什么我们要经常给植物浇水。培养土壤生物的多样性，也有助于将水储存在土壤的小口袋、小水池和通道中。

鼓励真菌

真菌的地下网络，能在土壤中储存、运输水分和养分。但是翻土和犁田会破坏这些脆弱的真菌网络，因此，我们尽可能不要去干扰土壤。

有机肥：大自然的肥料

土壤中的植物和微生物需要稳定的食物供应来制造有机物。有机肥是它们最喜欢的食物。制作有机肥很简单：只需要收集一些有机物，如草、树叶、动物粪便和食物残渣，然后等上几周或几个月，让细菌、真菌、昆虫、螨虫和蚯蚓来分解它们。

有机肥图片，作者菲利普·科恩。

书中的小主角有多小？

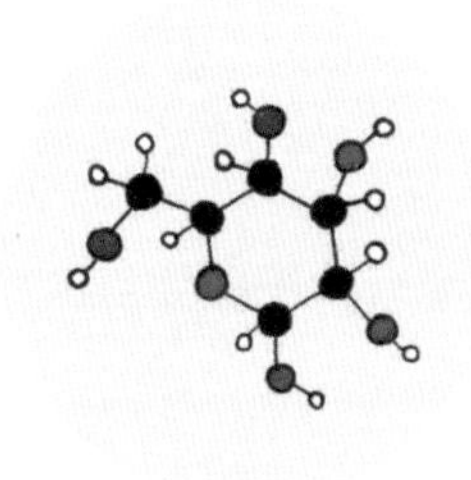

糖（葡萄糖）（直径700皮米）

- 糖分子由6个碳原子、12个氢原子、6个氧原子（$C_6H_{12}O_6$）组成
- 植物在光合作用中利用光能产生
- 土壤中主要的能量来源，植物用它与菌根真菌交换水和营养物质

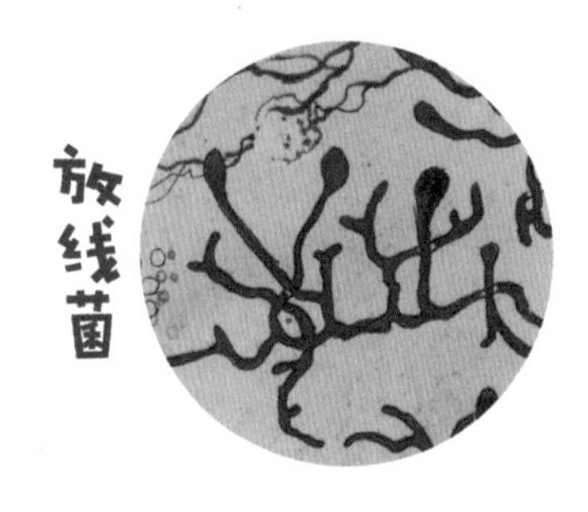

链霉菌（菌丝约2微米宽）

- 长链放线菌
- 帮助分解土壤中的有机质，改变土壤结构
- 能产生大量保护植物的分子，如抗生素等

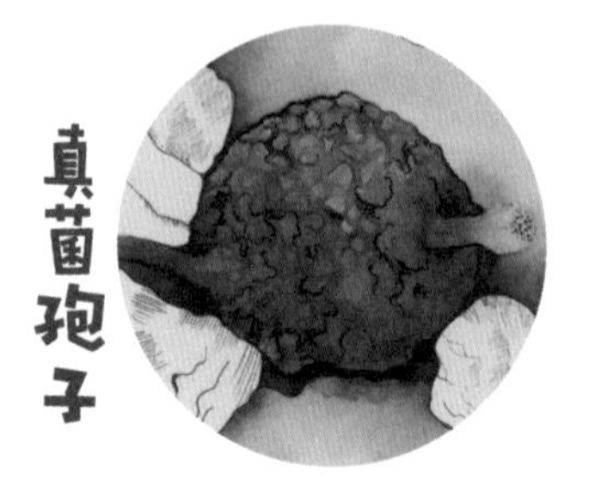

菌根真菌（直径100微米）

- 菌根真菌的生殖细胞
- 一旦被唤醒，发芽，就会有一个或多个菌丝从孢子里伸出来，寻找植物的根作为伙伴

大小　1000皮米=1纳米　1000纳米=1微米　1000微米=1毫米

pm 皮米（10^{-12}米）　nm 纳米（10^{-9}米）　μm 微米（10^{-6}米）

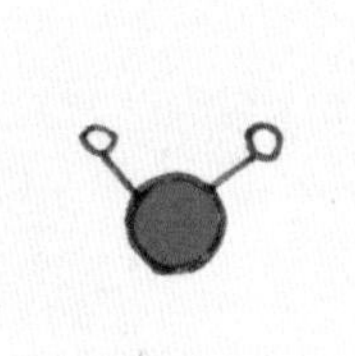

水（直径280皮米）

- 水分子由2个氢原子和1个氧原子（H_2O）组成
- 对所有的生命都至关重要
- 约占健康土壤体积的20%—30%

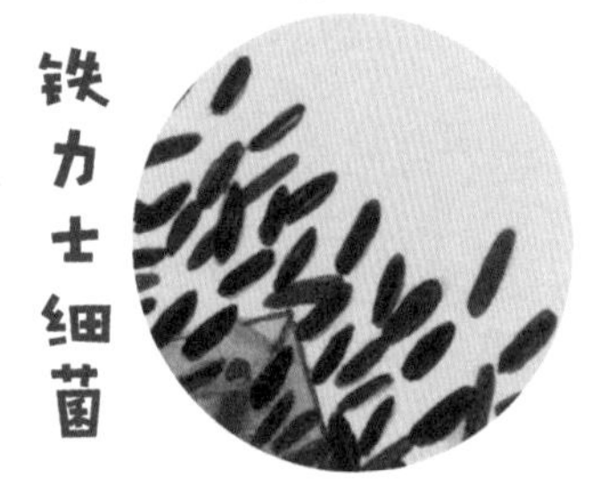

枯草芽孢杆菌（长3微米）

- 常见于土壤中，但也可以生活在人的肠道中
- 能用酶溶解矿物中的磷

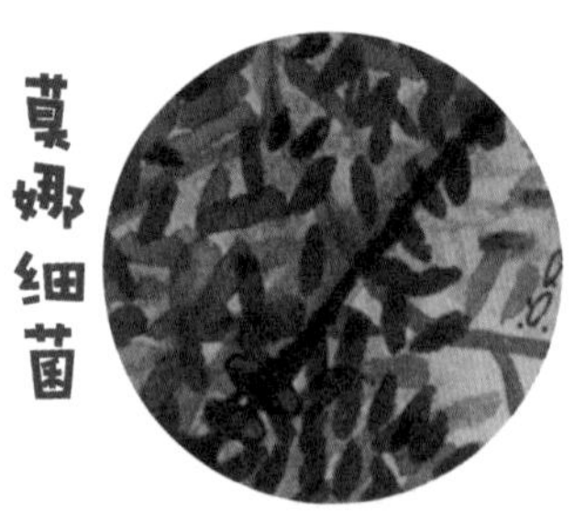

假单胞菌（长3微米）

- 在植物根部周围大量存在的细菌
- 被认为是促进植物生长的根杆菌，因为它有保护植物、促进植物生长的能力

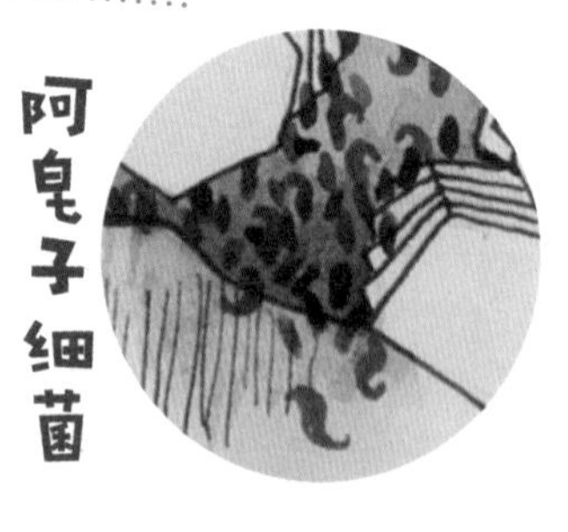

偶氮细菌（长3微米）

- 常见于土壤和植物根部周围
- 固氮菌的一种，能通过固氮作用，把空气中的氮转化成铵

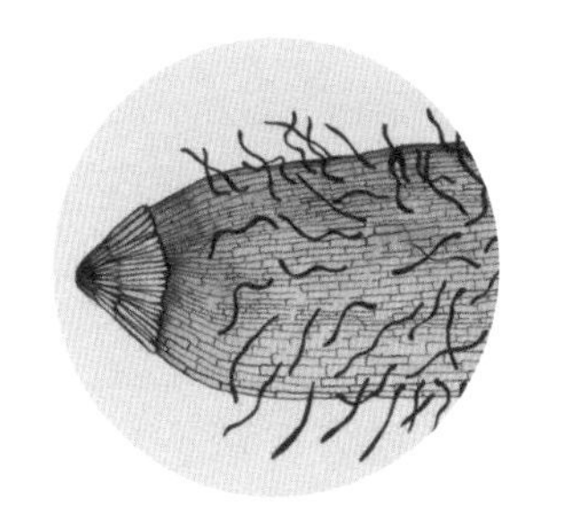

根尖（500—1000微米长）

- 树根的生长端
- 释放糖和脂肪，吸引和喂养友好的土壤微生物

可可树（5米高）

- 一种原产于亚马孙流域的热带植物
- 通过根部释放糖，吸引菌根真菌和其他土壤微生物
- 可可豆用来做巧克力

亚马孙热带雨林（占地700万平方千米）

- 一个以树木为主的大型陆地生态系统
- 居住着各种各样的植物、动物和较小的土壤微生物
- 这个故事发生的背景

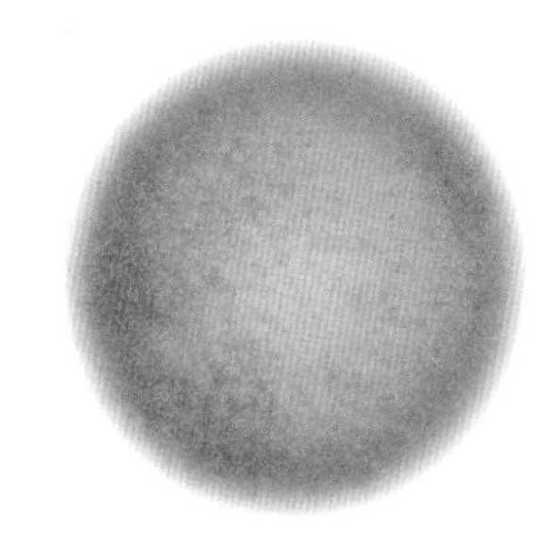

太阳（直径1392684千米）

- 通过原子的核反应，将氢原子聚变成氦原子来提供能量的恒星
- 大约46亿岁啦
- 为光合作用提供光能
- 地球上的生命最重要的能量来源

1000 毫米 =1 米

1000 米 =1 千米

mm 毫米（10^{-3} 米）

m 米

km 千米

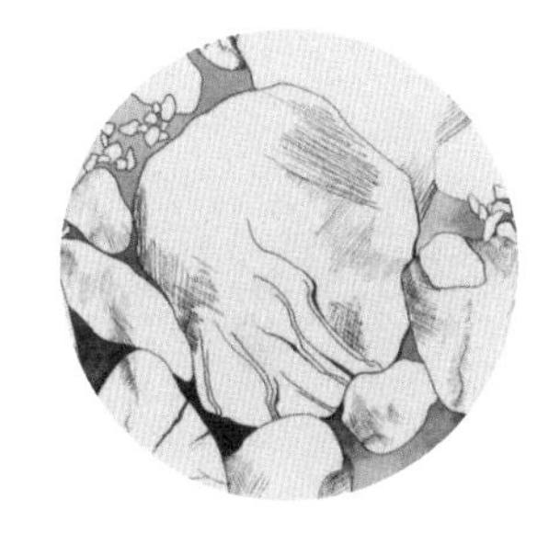

砂粒（直径200—2000微米）

- 最大类型的土壤颗粒
- 通常由二氧化硅（SiO_2）或碳酸钙（$CaCO_3$）组成

布罗玛的孩子们（250毫米高）

- 可可树幼苗
- 与菌根真菌连接，在它们的帮助下，从土壤中获取水和营养

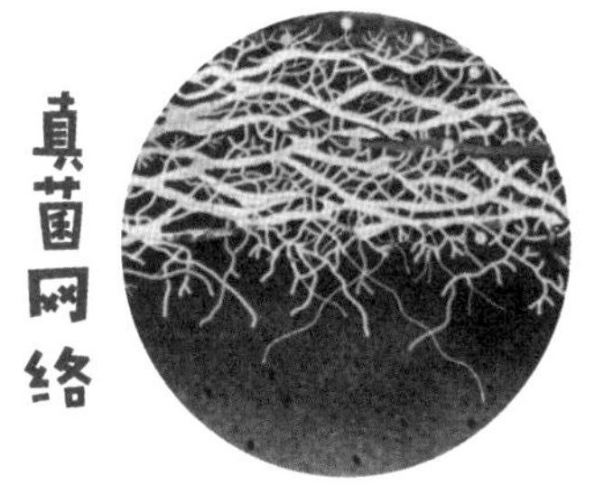

菌根真菌（约1000千米长）

- 在森林生态系统中，连接树木的真菌菌丝系统
- 也被称为“木维网”
- 在拉丁语中，它是“小纱球”的意思

术语表

铵

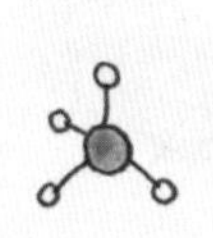

铵是由4个氢原子和1个氮原子组成的离子。铵是许多生物，特别是植物所需氮的重要来源。

细菌

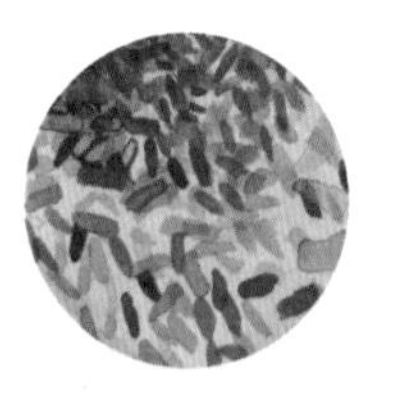

细菌是最小的单细胞生命形式，它们通常约有1至2微米长。科学家们已经区分出数千种细菌，但人们认为可能有数百万种细菌。与动植物不同，细菌是通过简单的细胞分裂来繁殖的，也就是说，1个细胞可以分裂成2个细胞，以此类推。在完美的营养环境中，有的细菌每20分钟就能分裂1次。细菌可以在任何有水的地方生存。它们循环利用有机物和矿物质的能力，使它们成为生态系统的重要组成部分。

黏土

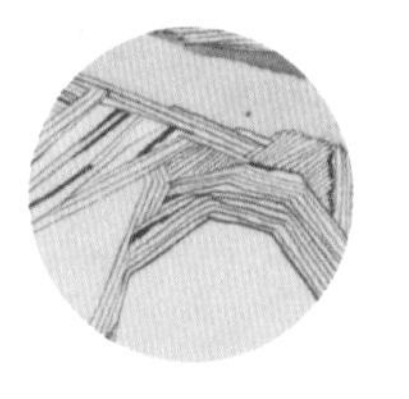

土壤矿物质通常分为三种大小不同的颗粒：砂粒、粉粒和黏粒。黏粒多的黏土可以形成薄的、扁平的、六边形的薄片，这样一个大的表面积，可以让水、有机物、矿物质和微生物在上面发生化学反应和生化反应。黏土中有带负电荷的铝、铁和硅氧化物，这让它很擅长捕获带正电荷的钙、镁、钾和铵，使它成为土壤生命的重要矿物质来源。

真菌

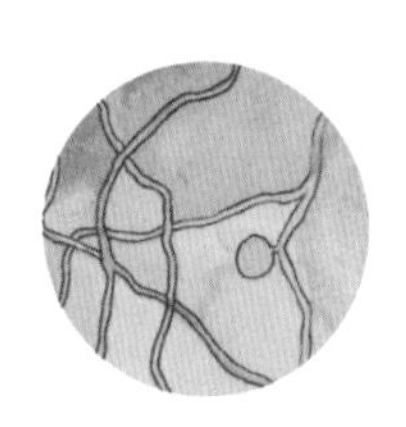

真菌一词来源于希腊语sphongos，意思是“海绵”。在科学分类中，真菌在植物、动物之外，有自己的界。在土壤中，大多数真菌释放消化酶来分解有机物。有的真菌，比如酵母，人们是看不到的，因为它们太小了。有的真菌生活在地下，但蘑菇这种真菌，长到地上时人们能看到。世界上最大的真菌是奥氏蜜环菌，它一直保持着世界纪录，占地面积约为8.8平方千米。

腐殖质

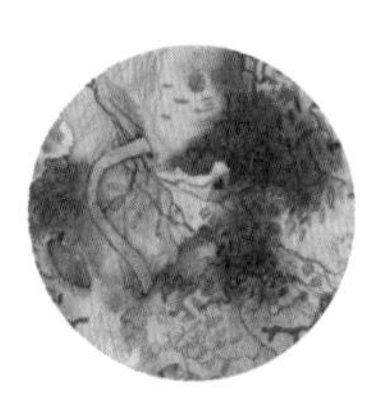

一个常用的（但不太容易理解的）术语，指小的黑色的土壤胶体物质，含有以矿物质和有机物为生的微生物群落。

菌丝

菌丝是一种细长的管状细胞，常见于真菌和一些细菌。像植物的根一样，菌丝从它们的顶端生长。真菌菌丝可以通过土壤中的小孔延伸数千米，形成一个叫作菌丝体的分支网络，可以认为是真菌的“身体”。

微生物

微生物指各种微小的生命，如细菌、真菌、古生菌、病毒和原生动物等。

分子

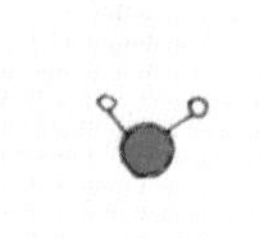

分子是由两个或多个原子通过化学键结合而成的。有些分子又小又简单，如氧分子（O_2）和水分子（H_2O）。有些分子则很大很复杂，如DNA。

信号分子

植物、动物、微生物都能释放大量的信号分子，向其他生物发送信号——这是它们交流的方式！这些信号有不同的作用，如吸引、警告、刺激、防止其他生物生长等。故事中的信号分子被称为独脚金内酯，它是植物释放出来的，用来吸引菌根真菌。菌根真菌释放的信号分子，是Myc因子。

菌根

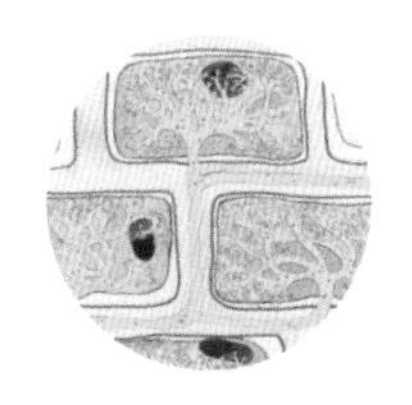

“菌根”一词描述了真菌和植物根之间互利共生的关系。根据和根连接方式的不同，菌根分为外生菌根和内生菌根两大类。外生菌根的菌丝在植物近10%的根尖周围形成一个菌丝网，许多常见的林木和外生菌根互生，如桦树、橡树、松树、冷杉和桉树；内生菌根的菌丝进入植物的根细胞，包括可可树在内，地球上80%—85%的植物，和一种叫作丛枝菌根真菌的内生菌根合作。丛枝菌根真菌的结构在4亿多年里没有变过，被称为活化石。

氮

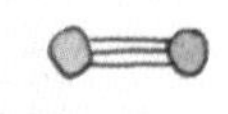

氮是构成蛋白质和核酸的主要元素之一，而蛋白质和核酸是生命必不可少的组成部分。在地球上，大部分的氮在大气和生命之间循环。

磷

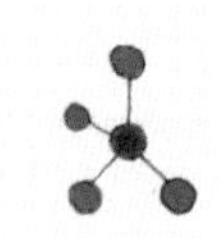

磷是核酸和细胞膜的重要组成部分。大自然中，大部分磷以磷酸盐的形式存在。磷是植物从土壤中吸收的最重要的营养物质之一，而吸收磷通常要依赖菌根真菌。

孢子

孢子是生物的生殖细胞。真菌孢子有各种各样的大小、形状和颜色。它们能存活很长时间，因为在发芽前，它们通常要经过漫长的传播过程。有的真菌已经进化出了地上的部分，如蘑菇，来帮助它们在风雨中更广泛地传播孢子。有的真菌，如松露，会吸引动物吃掉它们，这样它们的孢子就会在动物粪便上安家。菌根真菌的孢子可以随风飘散，然而人们认为，它们大部分的孢子还是在小昆虫和动物的帮助下完成传播的。

创作团队

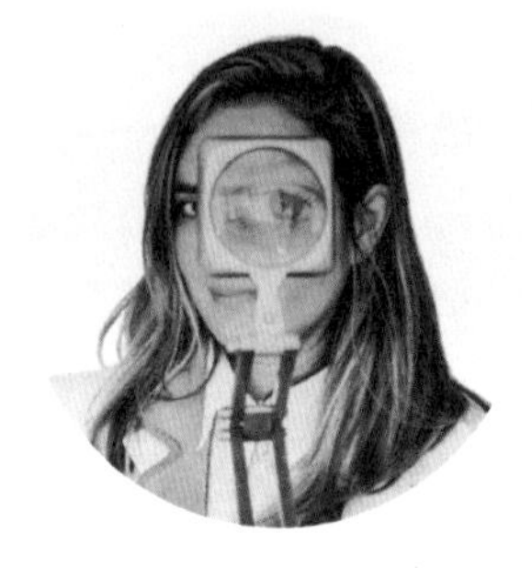

布里奥妮·巴尔

概念艺术家

自由标度网络艺术总监兼联合总监

布里奥妮利用她的技巧，对微观世界进行科学探索，使复杂的生态系统和看不见的世界可视化。

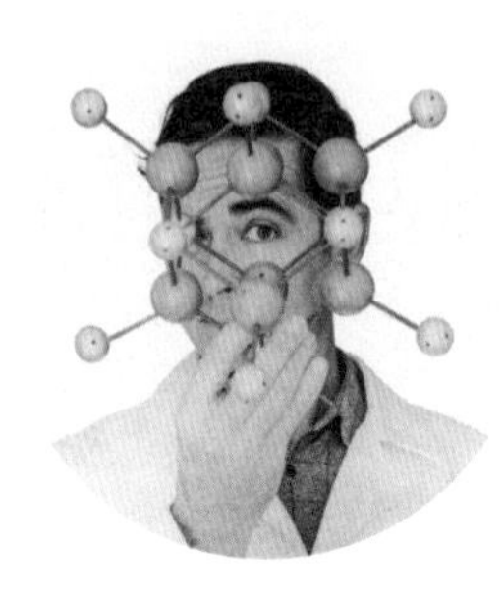

格里高利·克罗塞蒂博士

微生物生态学家

自由标度网络科学总监兼联合总监

格里高利将微生物学和科学教育技能相结合，告诉人们微生物是多么了不起。

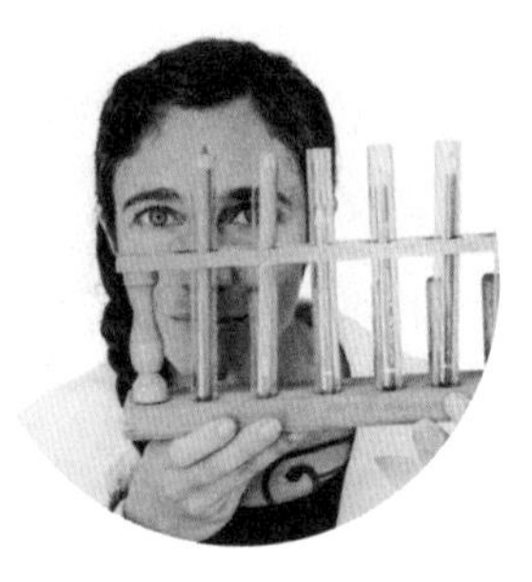

阿维娃·里德

插画家、艺术家、视觉生态学家

阿维娃通过绘画和装置艺术，探索复杂的科学领域。

艾尔莎·怀尔德

作家

艾尔莎创作戏剧和图书故事。她喜欢与演员、科学家和儿童合作。

她最喜欢的问题：但是，这是为什么呢？

马托·卢卡斯　摄

我的微生物朋友系列（共4册）

本系列讲述的是微生物和更大的生命体之间的共生关系。

每一个故事，都是由核心创意团队在科学家、老师和学生的支持和反馈下共同完成的。

《我的微生物朋友：海洋的秘密》

一个关于短尾乌贼与费氏弧菌共生的故事，这种弧菌能帮助乌贼在月光下发光。

《我的微生物朋友：土壤里的王国》

一个关于在黑暗的土壤中生活的微生物的故事，一棵树痛苦地呼救，一些意想不到的英雄前来营救。

《我的微生物朋友：珊瑚的世界》

这本插图精美的科学冒险书，讲的是以大堡礁为背景，关于珊瑚白化的故事。本书由大堡礁上最小的生物为您讲述。

《我的微生物朋友：真菌地球》

一个关于真菌如何塑造地球的故事，由一个微小的真菌孢子讲述。

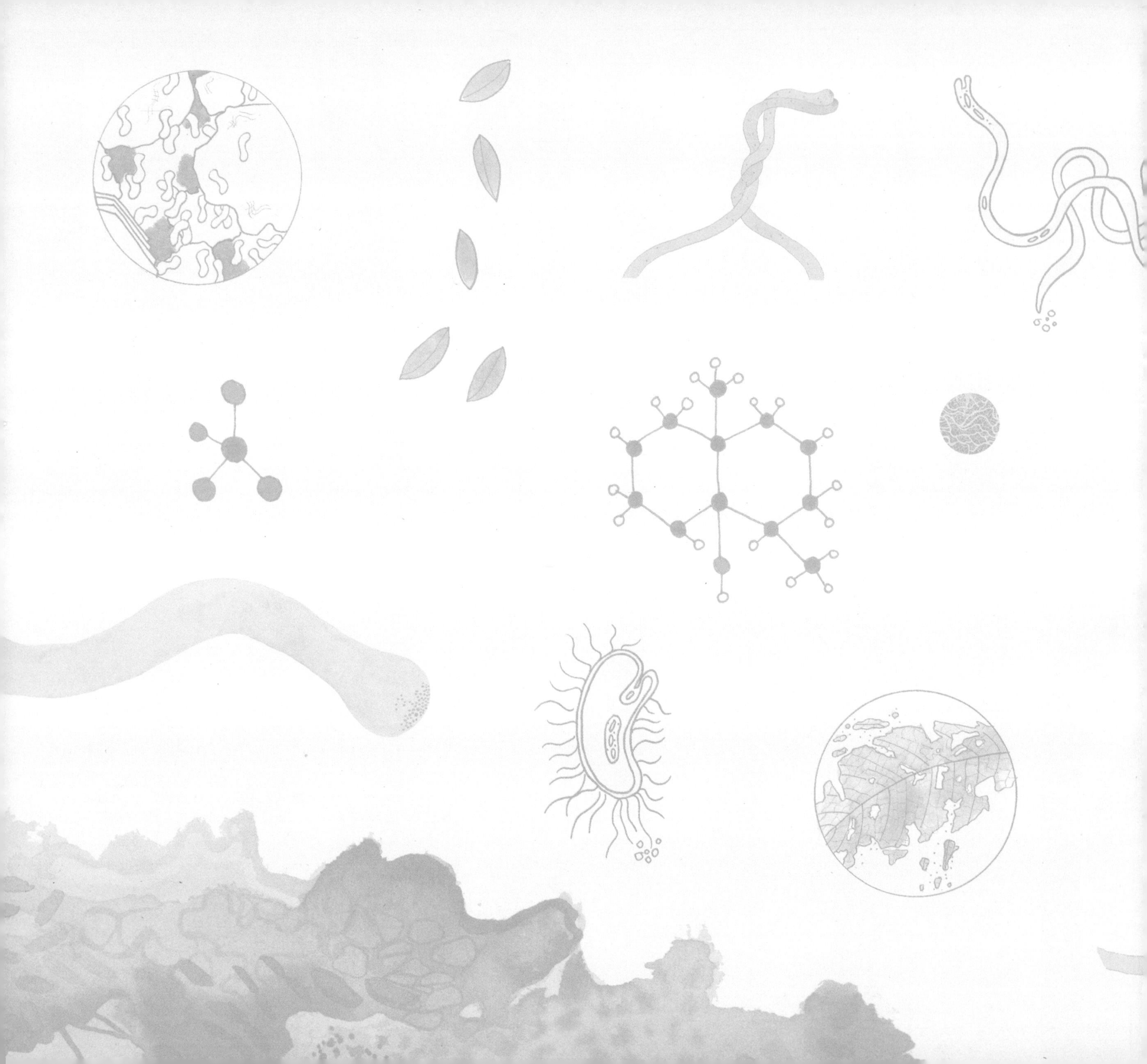